"十二五"国家重点图书出版规划项目
有色金属文库

偏微分方程的有限差分法
及地球物理应用

NUMERICAL SOLUTION OF PARTIAL DIFFERENTIAL
EQUATIONS WITH FINITE DIFFERENCE METHOD AND
APPLICATION IN GEOPHYSICS

童孝忠　谢　维　温建亮　张淑婷　**著**

中南大学出版社
www.csupress.com.cn
·长 沙·

内容简介

Introduction

　　本书全面系统地介绍了三类典型偏微分方程——波动方程、热传导方程和稳定场方程求解的有限差分法。全书共分 8 章：第 1 章导出典型偏微分方程与定解条件；第 2 章介绍有限差分法的基础知识；第 3 ~ 5 章介绍有限差分法求解稳定场方程、热传导方程和波动方程；第 6 ~ 8 章讨论有限差分法在地球物理正演中的应用，书中的应用实例均经过验证。本书的取材大多出自笔者的科研与教学实践，在内容安排上注重理论的系统性和自包容性，也兼顾实际应用中的各类技术问题。

　　本书可作为地球物理特殊方程和计算地球物理学两门本科课程的教材或教学参考书，也可作为研究生、科研和工程技术人员的参考用书。

作者简介

About the Author

　　童孝忠，男，1979 年生，博士，副研究员。主要从事地球物理数据处理、正演模拟和反演成像的理论与方法研究。现已出版专著 5 本，发表专业学术论文 30 余篇，SCI 收录 7 篇、EI 收录 12 篇、ISTP 收录 2 篇；主持完成湖南省自然科学基金项目 1 项（10JJ6059），教育部高等学校博士学科专项科研基金新教师基金项目 1 项（20110162120064），湖南省科技计划项目 1 项（2010TT2056），参与完成中国地质调查局老矿山技术创新与示范项目 1 项（12120113085700）。获省部级科技奖励 2 项。

　　谢维，男，1981 年生，博士，副教授。主要从事地球物理电磁场理论及正反演理论与方法研究。发表专业学术论文 20 余篇，SCI 收录 3 篇、EI 收录 10 篇；主持完成国家自然科学基金项目 2 项（41541036、41604111），获省部级科技一等奖 1 项。

前言
Foreword

现代科学、技术、工程中的大量数学模型都可以用微分方程来描述，很多近代自然科学的基本方程本身就是微分方程。绝大多数微分方程(特别是偏微分方程)定解问题的解很难以实用的解析形式来表示。在科学计算机发展过程中，科学与工程计算作为一门集工具性、方法性、边缘交叉性于一体的新学科开始了自己的新发展，微分方程数值解法也得到了前所未有的发展和应用。本书是笔者在多年科学实践和教学经验的基础上，为地球物理专业的高年级本科生和研究生学习偏微分方程有限差分法而撰写的教材或教学参考书。

全书共分8章。第1章从实际物理问题出发，详细介绍了建立偏微分方程模型的基本方法，以及如何根据物理背景确定定解条件。第2章介绍了有限差分法的基础知识。第3章至第5章，主要介绍了一维与二维稳定场方程、热传导方程和波动方程差分解法，详细讨论了 Dirichlet 边界条件、Neumann 边界条件与 Robin 边界条件的处理办法。第6章至第8章，讨论了有限差分法在地球物理正演计算中的应用，分别举例介绍了稳定场方程中的大地电磁测深问题、热传导方程中的地温场问题以及波动方程中的地震波场问题。

考虑到一门课程的授课时间和授课对象等因素，本书的撰写主要注意了以下几个方面：

1) 依据"课时少、内容多、应用广、实践性强"的特点，在内容编排上，尽量精简非必要的部分，着重讲解有限差分法最基本的内容；

2)对需要学生掌握的内容，做到深入浅出，实例引导，讲解详实，既为教师讲授提供较大的选择余地，又为学生自主学习提供了方便；

3）适当地加入了三个地球物理正演问题的应用实例，以期让学生了解偏微分方程数值计算方法的实用性，同时便于大家更好地理解有限差分法的数值表现；

4）偏微分方程数值解法与 Matlab 程序设计相结合，采用当前最流行的数学软件 Matlab 编写了有限差分法数值近似计算程序。书中所有程序均在计算机上经过调试和运行，简洁而不乏准确。

本书可作为地球物理专业本科生和研究生的教学用书，也可作为科研和工程技术人员的参考用书。读者需要具备微积分、线性代数、偏微分方程和 Matlab 语言方面的初步知识。书中有关的 Matlab 程序代码以及教材使用中的问题可以通过笔者主页 http://faculty.csu.edu.cn/xztong 或电子邮箱 csumaysnow@ csu.edu.cn 与笔者联系。

本书的部分内容是作者正在主持进行的国家自然科学基金项目（编号：4160411、41541036）以及山西省财政补助科研项目（课题编号：2019 - 07）的基础研究成果，对国家自然科学基金委员会和山西省煤炭地质局的资助表示感谢。

在本书撰写过程中，中南大学的刘海飞老师给予了大力支持并提出了完善结构、体系方面的建议；东华理工大学的汤文武老师对本书的写作纲要提出了具体的补充与调整建议并予以鼓励。在此感谢两位老师的支持和帮助。同时，特别感谢中国海洋大学的刘颖老师提出的宝贵意见及与其有益的讨论。

由于笔者水平有限，加上时间仓促，书中难免出现不妥之处，敬请读者批评指正。

童孝忠

2019 年 6 月于岳麓山

目录 / Contents

第1章 偏微分方程与定解条件 ………………………………………… (1)

1.1 波动方程的导出 ……………………………………………… (1)

   1.1.1 弦振动方程 …………………………………………… (1)

   1.1.2 时变电磁场方程 ……………………………………… (3)

1.2 热传导方程的导出 …………………………………………… (5)

1.3 稳定场方程的导出 …………………………………………… (7)

   1.3.1 稳定问题 ……………………………………………… (7)

   1.3.2 谐变电磁场方程 ……………………………………… (7)

   1.3.3 引力位与重力位方程 ………………………………… (8)

1.4 边界条件与初始条件 ………………………………………… (9)

1.5 定解问题的提法 ……………………………………………… (11)

   1.5.1 定解问题及其适定性 ………………………………… (11)

   1.5.2 线性偏微分方程解的叠加性 ………………………… (12)

1.6 二阶线性偏微分方程的分类 ………………………………… (13)

   1.6.1 变系数线性偏微分方程 ……………………………… (13)

   1.6.2 常系数线性偏微分方程 ……………………………… (19)

第2章 有限差分法基础 ……………………………………………… (21)

2.1 差分与差商 …………………………………………………… (21)

2.2 求解步骤与网格剖分 ………………………………………… (22)

2.3 边界条件处理 ………………………………………………… (23)

第3章 稳定场方程的有限差分法 …………………………………… (26)

3.1 一维稳定场方程的差分解法 ………………………………… (26)

3.2 二维稳定场方程的差分解法 ……………………………………… (32)

3.3 三维稳定场方程的差分解法 ……………………………………… (42)

3.4 边界条件的处理 …………………………………………………… (46)

　　3.4.1 Neumann 边界条件 ……………………………………… (46)

　　3.4.2 Robin 边界条件 ………………………………………… (49)

第4章　热传导方程的有限差分法 ……………………………………… (53)

4.1 一维热传导方程的差分解法 …………………………………… (53)

　　4.1.1 一维显式差分格式 ……………………………………… (53)

　　4.1.2 一维隐式差分格式 ……………………………………… (59)

4.2 二维热传导方程的差分解法 …………………………………… (68)

　　4.2.1 二维显式差分格式 ……………………………………… (68)

　　4.2.2 二维隐式差分格式 ……………………………………… (74)

　　4.2.3 交替方向隐式差分格式 ………………………………… (85)

第5章　波动方程的有限差分法 ………………………………………… (92)

5.1 一维波动方程的差分解法 ……………………………………… (92)

　　5.1.1 一维显式差分格式 ……………………………………… (92)

　　5.1.2 一维隐式差分格式 ……………………………………… (96)

　　5.1.3 紧致差分格式 ………………………………………… (101)

5.2 二维波动方程的差分解法 …………………………………… (105)

　　5.2.1 二维显式差分格式 …………………………………… (105)

　　5.2.2 二维隐式差分格式 …………………………………… (113)

　　5.2.3 二维紧致差分格式 …………………………………… (120)

第6章　大地电磁有限差分法正演计算 ……………………………… (128)

6.1 大地电磁正演基本理论 ……………………………………… (128)

　　6.1.1 谐变场的 Maxwell 方程组 ………………………… (128)

　　6.1.2 一维模型的大地电磁场 ……………………………… (129)

　　6.1.3 二维模型的大地电磁场 ……………………………… (132)

6.2 一维模型大地电磁响应的差分解法 ……………………… (134)

　　6.2.1 差分正演算法推导 …………………………………… (134)

　　6.2.2 程序设计与结果验证 ………………………………… (137)

　　6.2.3 一维模型试算分析 …………………………………… (139)

6.3 二维模型大地电磁响应的差分解法 ……………………… (141)

   6.3.1 边值问题 ································· （141）

   6.3.2 差分方程组形成 ······················ （142）

   6.3.3 大地电磁响应计算 ··················· （145）

   6.3.4 程序设计 ····························· （146）

   6.3.5 差分正演结果验证 ··················· （149）

   6.3.6 典型二维模型试算 ··················· （150）

  6.4 非均匀网格有限差分法计算大地电磁响应 ······ （152）

   6.4.1 一维非均匀网格的差分解法 ··········· （152）

   6.4.2 二维非均匀网格的差分解法 ··········· （155）

第7章 地温场有限差分法正演计算 ·············· （164）

  7.1 常系数与变系数地温场方程 ·················· （164）

  7.2 一维地温场方程的差分解法 ·················· （165）

   7.2.1 一维显式差分解法 ··················· （165）

   7.2.2 一维隐式差分解法 ··················· （171）

  7.3 二维地温场方程的差分解法 ·················· （179）

   7.3.1 二维显式差分解法 ··················· （179）

   7.3.2 二维隐式差分解法 ··················· （188）

第8章 地震波场的有限差分法正演计算 ··········· （197）

  8.1 地震波场正演基本理论 ······················ （197）

   8.1.1 声波方程的建立 ····················· （197）

   8.1.2 震源函数 ····························· （198）

   8.1.3 吸收边界条件 ······················· （199）

  8.2 一维声波方程的差分解法 ···················· （200）

   8.2.1 一维显式差分解法 ··················· （200）

   8.2.1 一维隐式差分解法 ··················· （205）

  8.3 二维声波方程的差分解法 ···················· （209）

   8.3.1 二维显式差分解法 ··················· （209）

   8.3.2 二维隐式差分解法 ··················· （216）

附录 矩阵的 Kronecker 积 ······················ （221）

参考文献 ··· （223）

第 1 章　偏微分方程与定解条件

　　许多物理现象或过程受多个因素的影响而按一定规律变化,描述这种现象或过程的数学形式常用偏微分方程表示。本章我们将从几个简单的物理模型出发,推导出典型的偏微分方程及其相应的定解条件,同时对二阶偏微分方程进行分类。

1.1　波动方程的导出

1.1.1　弦振动方程

　　弦振动方程是在 18 世纪由达朗贝尔(d'Alembert)等首先进行系统研究的,它是一大类偏微分方程的典型代表。弦的振动问题,虽然是一个古典问题,但对于初学者仍然具有一定的启发性,我们将从物理问题出发来导出弦振动方程。

　　设有一根完全柔软的均匀弦,平衡时沿直线拉紧,该均匀弦除受不随时间而变的张力作用及弦本身的重力外,不受其他外力影响。下面研究弦做小横向振动的规律。所谓"横向"是指全部运动出现在一个平面上,而且弦上的点垂直于 x 轴方向运动,如图 1.1 所示;所谓"微小"是指振动的幅度及弦在任意位置处切线的倾角都很小,以至它们的高于一次方的项都可忽略不计。

　　取弦的平衡位置为 x 轴,令弦一个端点的坐标为 $x=0$,另一个端点坐标为 $x=L$,且设 $u(x,t)$ 是弦上横坐标为 x 的一点在 t 时刻的(横向)位移。采用微元法的思想,我们把弦上点的运动先看作小弧段的运动,然后再考虑小弧段趋于零的极限情况。这一段弧长是如此之小,以至于可以把它看成是一个质点。在弦上任取一弧段 MM',弧长为 ds,设 ρ 为弦的线密度,弧段 MM' 两端所受的张力分别记作 T、T'。

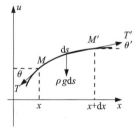

图 1.1　弦的横振动示意图

　　由于假定弦是完全柔软的,所以在任一点处张力的方向总是沿着弦在该点的切线方向。我们考虑弧段 MM' 在 t 时刻的受力情况,利用牛顿运动定律,作用于弧段上任一方向上的力的总和等于这段弧的质量乘以该方向上的加速度。

在 x 轴方向弧段 MM' 受力的总和为

$$F_x = T'\cos\theta' - T\cos\theta$$

由于弦只做横向振动,所以有

$$T'\cos\theta' - T\cos\theta = 0 \qquad\qquad (1.1)$$

按照上述弦只做微小振动的假设,可知在振动过程中弦上 M 点与 M' 点处切线的倾角都很小,即 $\theta \approx 0$, $\theta' \approx 0$,从而由

$$\cos\theta = 1 - \frac{\theta^2}{2!} + \frac{\theta^4}{4!} - \cdots$$

可知,当我们略去高阶无穷小时,就有

$$\cos\theta \approx 1, \ \cos\theta' \approx 1$$

代入式(1.1),便可近似得到

$$T = T'$$

在 u 轴方向上,弧段 MM' 受力的总和为

$$F_u = -T\sin\theta + T'\sin\theta' - \rho g\,\mathrm{d}s$$

式中:$-\rho g\,\mathrm{d}s$ 是弧段 MM' 的重力。当 $\theta \approx 0$, $\theta' \approx 0$ 时,有

$$\sin\theta = \frac{\tan\theta}{\sqrt{1 + \tan^2\theta}} \approx \tan\theta = \frac{\partial u(x, t)}{\partial x}$$

$$\sin\theta' \approx \tan\theta' = \frac{\partial u(x + \mathrm{d}x, t)}{\partial x}$$

$$\mathrm{d}s = \frac{\mathrm{d}x}{\cos\theta} \approx \mathrm{d}x$$

且小弧段在 t 时刻沿 u 轴方向运动的加速度近似为 $\dfrac{\partial^2 u(x, t)}{\partial t^2}$,小弧段的质量为 $\rho\,\mathrm{d}s$,所以根据牛顿第二定律可得

$$-T\sin\theta + T'\sin\theta' - \rho g\,\mathrm{d}s \approx \rho\,\mathrm{d}s\,\frac{\partial^2 u(x, t)}{\partial t^2}$$

或

$$T\left[\frac{\partial u(x + \mathrm{d}x, t)}{\partial x} - \frac{\partial u(x, t)}{\partial x}\right] - \rho g\,\mathrm{d}x \approx \rho\,\mathrm{d}x\,\frac{\partial^2 u(x, t)}{\partial t^2} \qquad (1.2)$$

上式左边方括号的部分是由于 x 产生 $\mathrm{d}x$ 的变化而引起的 $\dfrac{\partial u(x, t)}{\partial x}$ 改变量,由微分中值定理可得

$$\frac{\partial u(x + \mathrm{d}x, t)}{\partial x} - \frac{\partial u(x, t)}{\partial x} = \frac{\partial}{\partial x}\left[\frac{\partial(\xi, t)}{\partial x}\right]\mathrm{d}x = \frac{\partial^2 u(\xi, t)}{\partial x^2}\mathrm{d}x$$

式中:$x \leqslant \xi \leqslant x + \mathrm{d}x$,于是

$$T\left[\frac{\partial^2 u(\xi, t)}{\partial x^2} - \rho g\right]\mathrm{d}x \approx \rho\,\frac{\partial^2 u(x, t)}{\partial t^2}\mathrm{d}x$$

令 $dx \to 0$，则 $\xi \to x$，得

$$\frac{T}{\rho} \frac{\partial^2 u(x, t)}{\partial x^2} = \frac{\partial^2 u(x, t)}{\partial t^2} + g$$

通常情况下，弦绷得很紧，张力较大，导致弦振动速度变化很快，即 $\frac{\partial^2 u}{\partial t^2}$ 比 g 大得多，所以 g 可以略去。经过这样逐步略去一些次要的量，抓住主要的量，在 $u(x, t)$ 关于 x、t 都是二次连续可微的前提下，最后得出 $u(x, t)$ 应近似地满足方程

$$\frac{\partial^2 u}{\partial t^2} = a^2 \frac{\partial^2 u}{\partial x^2} \qquad (1.3)$$

式中：$a^2 = T/\rho$。式(1.3)称为弦振动方程，因为表示空间位置的变量只有一个，因此该方程又叫**一维波动方程**(王元明，2012)。

如果弦在振动过程中，还受到另外一个与弦的振动方向平行的外力，且假定在时刻 t 弦上 x 点处的外力为 $F(x, t)$，这时式(1.1)和式(1.2)分别写为

$$T'\cos\theta' - T\cos\theta = 0$$

$$F ds - T\sin\theta + T'\sin\theta' - \rho g ds \approx \rho ds \frac{\partial^2 u(x, t)}{\partial t^2}$$

利用前面的推导方法并略去弦本身的重量，可得弦的强迫振动方程为

$$\frac{\partial^2 u}{\partial t^2} = a^2 \frac{\partial^2 u}{\partial x^2} + f(x, t) \qquad (1.4)$$

式中：$f(x, t) = \frac{1}{\rho} F(x, t)$ 表示 t 时刻单位质量的弦在 x 点处所受的外力。

方程(1.3)与方程(1.4)的差别在于方程(1.4)的右端多了一个与未知函数 u 无关的项 $f(x, t)$，这个项称为**自由项**。含有非零自由项的方程称为**非齐次方程**，而自由项恒等于零的方程称为**齐次方程**。因此，式(1.3)为齐次一维波动方程，式(1.4)为非齐次一维波动方程。

一维波动方程只是波动方程中最简单的情况，在流体力学、声学及电磁场理论中，还要研究高维的波动方程。

1.1.2　时变电磁场方程

Maxwell 方程组是电磁场必须遵从的微分方程组，含有以下四个方程，分别反映了四条基本的物理定律(何继善，2012)：

$$\nabla \times \boldsymbol{E} = -\frac{\partial \boldsymbol{B}}{\partial t} \quad (\text{法拉第定律}) \qquad (1.5)$$

$$\nabla \times \boldsymbol{H} = \boldsymbol{j} + \frac{\partial \boldsymbol{D}}{\partial t} \quad (\text{安培定律}) \qquad (1.6)$$

$$\nabla \cdot \boldsymbol{B} = 0 \quad (\text{磁通量连续性原理}) \tag{1.7}$$

$$\nabla \cdot \boldsymbol{D} = \rho \quad (\text{库仑定律}) \tag{1.8}$$

式中：$\boldsymbol{E}$ 为电场强度（V/m）；$\boldsymbol{B}$ 是磁感应强度或磁通密度（Wb/m^2）；$\boldsymbol{D}$ 为电感应强度或电位移（C/m^2）；$\boldsymbol{H}$ 为磁场强度（A/m）；$\boldsymbol{j}$ 为电流密度（A/m^2）；ρ 为自由电荷密度（C/m^3）。

假设地球模型为各向同性介质，则电磁场的基本量可通过物性参数 ε 和 μ 联系起来，它们的关系是：

$$\boldsymbol{D} = \varepsilon \boldsymbol{E} \tag{1.9}$$

$$\boldsymbol{B} = \mu \boldsymbol{H} \tag{1.10}$$

$$\boldsymbol{j} = \sigma \boldsymbol{E} \quad (\text{欧姆定律}) \tag{1.11}$$

式中：σ 为介质的电导率，其单位为 S/m；而 ε 和 μ 分别为介质的介电常数和磁导率，取 $\varepsilon = 8.85 \times 10^{-12}$ F/m 和 $\mu = 4\pi \times 10^{-7}$ H/m。

在国际单位下，如令初始状态时介质内不带电荷，采用式（1.5）~式（1.8）所示的介质方程组后，各向同性介质的 Maxwell 方程组可变为：

$$\nabla \times \boldsymbol{E} = -\mu \frac{\partial \boldsymbol{H}}{\partial t} \tag{1.12}$$

$$\nabla \times \boldsymbol{H} = \sigma \boldsymbol{E} + \varepsilon \frac{\partial \boldsymbol{E}}{\partial t} \tag{1.13}$$

$$\nabla \cdot \boldsymbol{H} = 0 \tag{1.14}$$

$$\nabla \cdot \boldsymbol{E} = 0 \tag{1.15}$$

对式（1.12）和式（1.13）两边分别取旋度：

$$\nabla \times \nabla \times \boldsymbol{E} = -\mu \frac{\partial}{\partial t}(\nabla \times H) \tag{1.16}$$

$$\nabla \times \nabla \times \boldsymbol{H} = \sigma(\nabla \times E) + \varepsilon \frac{\partial}{\partial t}(\nabla \times E) \tag{1.17}$$

整理后可得

$$\nabla \times \nabla \times \boldsymbol{E} + \mu\varepsilon \frac{\partial^2 \boldsymbol{E}}{\partial t^2} + \mu\sigma \frac{\partial \boldsymbol{E}}{\partial t} = 0 \tag{1.18}$$

$$\nabla \times \nabla \times \boldsymbol{H} + \mu\varepsilon \frac{\partial^2 \boldsymbol{H}}{\partial t^2} + \mu\sigma \frac{\partial \boldsymbol{H}}{\partial t} = 0 \tag{1.19}$$

根据矢量分析公式

$$\nabla \times \nabla \times \boldsymbol{E} = \nabla(\nabla \cdot \boldsymbol{E}) - \nabla^2 \boldsymbol{E} = -\nabla^2 \boldsymbol{E} \tag{1.20}$$

$$\nabla \times \nabla \times \boldsymbol{H} = \nabla(\nabla \cdot \boldsymbol{H}) - \nabla^2 \boldsymbol{H} = -\nabla^2 \boldsymbol{H} \tag{1.21}$$

式（1.18）和式（1.19）可以改写为

$$\nabla^2 \boldsymbol{E} - \mu\varepsilon \frac{\partial^2 \boldsymbol{E}}{\partial t^2} - \mu\sigma \frac{\partial \boldsymbol{E}}{\partial t} = 0 \tag{1.22}$$

$$\nabla^2 \boldsymbol{H} - \mu\varepsilon \frac{\partial^2 \boldsymbol{H}}{\partial t^2} - \mu\sigma \frac{\partial \boldsymbol{H}}{\partial t} = 0 \qquad (1.23)$$

由于我们未对 $\boldsymbol{E}$、$\boldsymbol{H}$ 随时间 t 变化的规律作任何限制，$\boldsymbol{E}$ 和 $\boldsymbol{H}$ 可以是任何一种形式的时间函数(如阶跃函数、脉冲函数等)，故式(1.22)和式(1.23)称为**时间域电磁场的波动方程**。

1.2　热传导方程的导出

推导热传导方程所用的数学方法与弦振动方程完全相同，不同之处在于具体的物理规律不同。这里用到的是热学方面的两个基本规律，即能量守恒定律和热传导的 Fourier 定律。前者大家都很熟悉，这里只扼要介绍下后者。

设有一块连续介质，取定一坐标系，并用 $u(x, y, z, t)$ 表示介质内空间坐标为 (x, y, z) 的一点在 t 时刻的温度。若沿 x 方向有一定的温度差，则直接的生活经验告诉我们，在 x 方向就一定有热量的传递。从宏观上看，实验表明，单位时间内通过垂直 x 方向的单位面积的热量 q 与温度得空间变化规律成正比，即

$$q = -k \frac{\partial u}{\partial x} \qquad (1.24)$$

式中：q 称为热流密度，或热通量(heat flux)，单位：W/m^2；k 称为物体的热传导系数，单位：W/(m·K)。k 与介质的质料有关，而且，严格说来，与温度 u 也有关系，但如果温度的变化范围不大，则可以将 k 看成与 u 无关。上面公式中的负号表示热流的方向和温度变化的方向正好相反，即热量由高温流向低温。

如果要研究三维各向同性介质中的热传导，在介质中三个方向上都存在温度差，则有

$$q_x = -k \frac{\partial u}{\partial x}, \ q_y = -k \frac{\partial u}{\partial y}, \ q_z = -k \frac{\partial u}{\partial z} \qquad (1.25\text{a})$$

或

$$\boldsymbol{q} = -k\,\nabla u \qquad (1.25\text{b})$$

即热流密度矢量 $\boldsymbol{q}$ 与温度梯度 ∇u 成正比。

设想在介质内部隔离出一个平行六面体(见图 1.2)，六个面都和坐标面重合。首先看 dt 时间内沿 x 方向流入六面体的热量(吴崇试, 2015)：

$$[-(q_x)_x + (q_x)_{x+\text{d}x}]\text{d}y\text{d}z\text{d}t = \left[\left(k \frac{\partial u}{\partial x}\right)_{x+\text{d}x} - \left(k \frac{\partial u}{\partial x}\right)_x\right]\text{d}y\text{d}z\text{d}t = k \frac{\partial^2 u}{\partial x^2}\text{d}x\text{d}y\text{d}z\text{d}t$$

同理，在 dt 时间内沿 y 方向流入六面体的热量为

$$[-(q_y)_y + (q_y)_{y+\text{d}y}]\text{d}x\text{d}z\text{d}t = k \frac{\partial^2 u}{\partial y^2}\text{d}x\text{d}y\text{d}z\text{d}t$$

在 dt 时间内沿 z 方向流入六面体的热量为

$$[-(q_z)_z + (q_z)_{z+dz}]dxdydt = k\frac{\partial^2 u}{\partial z^2}dxdydzdt$$

如果六面体内没有其他热量来源或消耗，则根据能量守恒定律，净流入的热量应该等于介质在此时间内温度升高所需要的热量，

$$k\left(\frac{\partial^2 u}{\partial x^2} + \frac{\partial^2 u}{\partial y^2} + \frac{\partial^2 u}{\partial z^2}\right)dxdydzdt = \rho dxdydz \cdot c \cdot (u_{t+dt} - u_t)$$

而 $u_{t+dt} - u_t = \frac{\partial u}{\partial t} \cdot dt$，因此有

$$\frac{\partial u}{\partial t} = \frac{k}{\rho c}\nabla^2 u \tag{1.26}$$

式中：ρ 是介质的密度（单位：kg/m^3），c 是比热容[单位：$J/(kg \cdot K)$]，k 是热导率[单位：$W/(m \cdot K)$]。令 $a^2 = \frac{k}{\rho c}$，则式（1.26）变成

$$\frac{\partial u}{\partial t} = a^2 \nabla^2 u \tag{1.27}$$

方程（1.27）称为**三维热传导方程**。

若物体内有热源，其强度为 $F(x, y, z, t)$，则相应的热传导方程为

$$\frac{\partial u}{\partial t} = a^2 \nabla^2 u + f(x, y, z, t) \tag{1.28}$$

式中：$f = \frac{F}{\rho c}$。

作为特例，如果所考虑的物体是一根细杆（或一块薄板），或者即使不是细杆（或薄板），而其中的温度 u 只

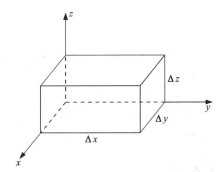

图 1.2　热传导方程位于点 (x, y, z) 的小六面体

与 x, t 或 x, y, t 有关，则方程（1.27）就变成**一维热传导方程**

$$\frac{\partial u}{\partial t} = a^2 \frac{\partial^2 u}{\partial x^2}$$

或二维热传导方程

$$\frac{\partial u}{\partial t} = a^2\left(\frac{\partial^2 u}{\partial x^2} + \frac{\partial^2 u}{\partial y^2}\right)$$

在研究气体或液体的扩散过程时，若扩散系数是常数，则所得的扩散方程与热传导方程完全相同。

1.3 稳定场方程的导出

1.3.1 稳定问题

在前面 1.2 节中,我们建立了热传导方程,若导热物体内热源的分布情况不随时间变化,则经过相当长时间后,物体内部的温度将达到稳定状态,不再随时间变化,因而热传导方程中的 $\frac{\partial u}{\partial t} = 0$,于是式(1.28)变为

$$\nabla^2 u = -\frac{f}{a^2} \tag{1.29}$$

上式称为**泊松方程**(Poisson **方程**)。特别是,如果 $f = 0$,则有

$$\nabla^2 u = 0 \tag{1.30}$$

式(1.30)称为**拉普拉斯方程**(Laplace **方程**),又称调和方程、位势方程。

这两种方程描述的是导热物体内部达到稳恒的物理状态。

在前面 1.1 节中,如果波动方程 $\frac{\partial^2 u}{\partial t^2} - a^2 \nabla^2 u = 0$ 的 $u(x, y, z, t)$ 随时间发生周期性的变化,频率为 ω,则

$$u(x, y, z, t) = \nu(x, y, z) e^{-i\omega t} \tag{1.31}$$

于是,$\nu(x, y, z)$ 满足下列方程

$$\nabla^2 \nu(x, y, z) + k^2 \nu(x, y, z) = 0 \tag{1.32}$$

其中 $k = \omega/a$ 称为波数。式(1.32)称为**亥姆霍兹方程**(Helmholtz **方程**)。

1.3.2 谐变电磁场方程

利用傅里叶变换可将任意随时间变化的电磁场分解为一系列谐变场的组合,取时域中的谐变因子为 $e^{-i\omega t}$,电场强度和磁场强度可表示为(童孝忠,2017):

$$\boldsymbol{E} = \boldsymbol{E}_0 e^{-i\omega t} \tag{1.33}$$

$$\boldsymbol{H} = \boldsymbol{H}_0 e^{-i\omega t} \tag{1.34}$$

根据式(1.12)~式(1.15),谐变场的 Maxwell 方程组可表示为:

$$\nabla \times \boldsymbol{E} = i\mu\omega\boldsymbol{H} \tag{1.35}$$

$$\nabla \times \boldsymbol{H} = (\sigma - i\omega\varepsilon)\boldsymbol{E} \tag{1.36}$$

$$\nabla \cdot \boldsymbol{E} = 0 \tag{1.37}$$

$$\nabla \cdot \boldsymbol{H} = 0 \tag{1.38}$$

对式(1.35)和式(1.36)两边分别取旋度:

$$\nabla \times \nabla \times \boldsymbol{E} = i\mu\omega(\nabla \times \boldsymbol{H}) \tag{1.39}$$

$$\nabla \times \nabla \times \boldsymbol{H} = (\sigma - \mathrm{i}\omega\varepsilon)(\nabla \times \boldsymbol{E}) \tag{1.40}$$

整理后可得

$$\nabla \times \nabla \times \boldsymbol{E} = (\mathrm{i}\omega\mu\sigma + \mu\varepsilon\omega^2)\boldsymbol{E} \tag{1.41}$$

$$\nabla \times \nabla \times \boldsymbol{H} = (\mathrm{i}\omega\mu\sigma + \mu\varepsilon\omega^2)\boldsymbol{H} \tag{1.42}$$

根据矢量分析公式,式(1.41)和式(1.42)可以写成:

$$\nabla^2 \boldsymbol{E} - k^2 \boldsymbol{E} = 0 \tag{1.43}$$

$$\nabla^2 \boldsymbol{H} - k^2 \boldsymbol{H} = 0 \tag{1.44}$$

式中: $k = \sqrt{-\mathrm{i}\omega\mu\sigma - \mu\varepsilon\omega^2}$ 为传播系数,它是一个复数,亦称为复波数。式(1.43)和式(1.44)已经转换到了频率域,它们是频率域电磁场方程,称为**亥姆霍兹方程**(Helmholtz **方程**)。

1.3.3 引力位与重力位方程

引力场的第一和第二基本定律形式为(曾华霖,2005):

$$\begin{aligned} \nabla \cdot \boldsymbol{F} &= -4\pi G\rho \\ \nabla \times \boldsymbol{F} &= 0 \end{aligned} \tag{1.45}$$

式中: $\boldsymbol{F}$ 为场强度; G 为万有引力常数,其值等于 6.6732×10^{-11} N·m²/kg²; ρ 为密度。

引力位的梯度与场强度的关系式为

$$\boldsymbol{F} = \nabla V \tag{1.46}$$

结合式(1.45)和式(1.46),可以得到引力位满足的泊松方程:

$$\nabla^2 V = -4\pi G\rho \tag{1.47}$$

上式在直角坐标系中可写为

$$\nabla^2 V = \frac{\partial^2 V}{\partial x^2} + \frac{\partial^2 V}{\partial y^2} + \frac{\partial^2 V}{\partial z^2} = -4\pi G\rho$$

若讨论的区域没有质量分布,则泊松方程变为拉普拉斯方程:

$$\nabla^2 V = 0 \tag{1.48}$$

另外,由于离心力位 (U) 的二次导数为

$$\frac{\partial^2 U}{\partial x^2} = \omega^2, \; \frac{\partial^2 U}{\partial y^2} = \omega^2, \; \frac{\partial^2 U}{\partial z^2} = 0$$

所以满足下列关系式:

$$\nabla^2 U = 2\omega^2 \tag{1.49}$$

式中: ω 为地球自转角速度。再考虑到重力位 (W) 的计算公式:

$$W = V + U \tag{1.50}$$

由此可知,地球内部、外部重力位分别满足

$$\nabla^2 W = 2\omega^2 \tag{1.51}$$

与

$$\nabla^2 W = -4\pi G\rho + 2\omega^2 \tag{1.52}$$

1.4 边界条件与初始条件

上面几节所讨论的是如何将一个具体的物理现象所具有的物理规律用数学式子表达出来，我们定义这种由物理规律导出的偏微分方程为**泛定方程**。除此之外，我们还需要把这个问题所具有的特定条件也用数学形式表达出来，这是因为任何一个具体的物理现象都是处在特定条件之下的。例如弦振动问题，所推导出来的方程是一切柔软均匀的弦做微小横向振动的共同规律，在推导这个方程时没有考虑到弦在初始时刻的状态以及弦所受的约束情况。如果我们不是泛泛地研究弦的振动，势必就要考虑到弦所具有的特定条件，这是因为任何一个振动物体在某时刻的振动状态总是和此时刻以前的状态有关，从而就与初始时刻的状态有关。另外，弦的两端所受的约束也会影响弦的振动，端点所处的物理条件不同就会产生不同的影响，因而弦的振动也不同。因此，对弦振动问题来说，除了建立振动方程以外，还需列出它所处的特定条件。当然，对热传导方程、位势方程也是如此。

提出的条件应该能够用来说明某一具体物理现象的初始状态或者边界上的约束情况。用以说明初始状态的条件称为**初始条件**；用以说明边界上的约束情况的条件称为**边界条件**。

下面具体说明初始条件和边界条件的表达形式。

初始条件：对于弦振动问题来说，初始条件就是弦在开始时刻即 $t = 0$ 时的位移及速度，若以 $\varphi(x)$、$\phi(x)$ 分别表示初始位移和初始速度，则初始条件可以表示为

$$\begin{cases} u(x, t)\big|_{t=0} = \varphi(x) \\ \dfrac{\partial u(x, t)}{\partial t}\bigg|_{t=0} = \phi(x) \end{cases} \tag{1.53}$$

当 $\varphi(x) = \phi(x) = 0$ 时，称之为齐次初始条件。

而对热传导方程来说，初始条件是指在开始时刻物体温度的分布情况，若以 $\varphi(x, y, z)$ 表示 $t = 0$ 时物体内任一点处的温度，则热传导方程的初始条件就是

$$u(x, y, z, t)\big|_{t=0} = \varphi(x, y, z) \tag{1.54}$$

位势方程是描述稳恒状态的，与初始状态无关，所以不提初始条件。

边界条件：还是从弦振动问题说起，从物理学原理可知，弦在振动时，其端点（以 $x = L$ 表示这个端点）所受的约束情况，通常有以下三种类型：

(1)固定端，即弦在振动过程中这个端点始终保持不动，位移为零。对应于

这种状态的边界条件为

$$u(x, t)\big|_{x=L} = 0 \tag{1.55}$$

或

$$u(L, t) = 0$$

（2）自由端，即弦在这个端点不受位移方向的外力，即弦在这个端点处在位移方向上的张力为零。由 1.1 节的推导过程可知对应于这种状态的边界条件为

$$T \frac{\partial u(x, t)}{\partial x}\bigg|_{x=L} = 0$$

即

$$\frac{\partial u}{\partial x}\bigg|_{x=L} = 0 \tag{1.56}$$

或

$$u_x(L, t) = 0$$

（3）弹性支承端，即弦在这个端点被某个弹性体所支承。设弹性体支承原来的位置为 $u = 0$，则 $u\big|_{x=L} = 0$ 就表示弹性支承的应变，由胡克（Hooke）定律可知，这时弦在 $x = L$ 处沿位移方向的张力 $T \dfrac{\partial u}{\partial x}\bigg|_{x=L}$ 应该等于 $-ku\big|_{x=L}$，即

$$T \frac{\partial u}{\partial x}\bigg|_{x=L} = -ku\big|_{x=L} \text{ 或 } \left(\frac{\partial u}{\partial x} + \sigma u\right)\bigg|_{x=L} = 0 \tag{1.57}$$

式中：k 为弹性体的倔强系数，且有 $\sigma = k/T$。

对于热传导方程来说，也有类似的情况。以 Γ 表示某物体 V 的边界，如果在导热过程中边界 Γ 的温度为已知的函数 $f(x, y, z, t)$，则这时的边界条件为

$$u(x, y, z, t)\big|_\Gamma = f(x, y, z, t) \tag{1.58}$$

这里的 $f(x, y, z, t)$ 是定义在 Γ 上（一般依赖于 t）的函数。

如果在导热过程中，物体 V 与周围的介质处于绝热状态，或者说，在 Γ 上的热量流速为零，这时从 1.2 节的推导过程可知，在边界 Γ 上必满足

$$\frac{\partial u}{\partial n}\bigg|_\Gamma = 0 \tag{1.59}$$

如果物体的内部和周围的介质通过边界 Γ 有热量交换，以 u_1 表示介质和物体接触处的温度，这时利用热传导中的牛顿实验定律可知

$$dQ = k_1(u - u_1)dSdt \tag{1.60}$$

式中：k_1 是两介质间的热交换系数。在物体内部任取一个无限贴近于边界 Γ 的闭曲面 Σ，由于在 Γ 内侧热量不能积累，所以在 Σ 上的热量流速应等于边界 Γ 上的热量流速，而在 Σ 上的热量流速 $\dfrac{dQ}{dSdt}\bigg|_\Sigma = -k \dfrac{\partial u}{\partial n}\bigg|_\Sigma$，所以，当物体和外界有热交换时，相应的边界条件为

$$-k \left.\frac{\partial u}{\partial n}\right|_{\varGamma} = k_1 \left.(u - u_1)\right|_{\varGamma}$$

即

$$\left.\left(\frac{\partial u}{\partial n} + \sigma u\right)\right|_{\varGamma} = \left.\sigma u_1\right|_{\varGamma} \tag{1.61}$$

式中：$\sigma = k_1 / k$。

综合上述可知，无论是对弦振动问题，还是热传导问题，它们所对应的边界条件，从数学角度看不外乎有三种类型（刘安平等，2009）：

一是在边界 $\varGamma$ 上直接给出了未知函数 u 的数值，即

$$\left.u\right|_{\varGamma} = f_1 \tag{1.62}$$

这种形式的边界条件称为**第一类边界条件**，又称**狄利克雷（Dirichlet）边界条件**。

二是在边界 $\varGamma$ 上给出了未知函数 u 沿 $\varGamma$ 的外法线方向的方向导数，即

$$\left.\frac{\partial u}{\partial n}\right|_{\varGamma} = f_2 \tag{1.63}$$

这种形式的边界条件称为**第二类边界条件，又称诺伊曼（Neumann）边界条件**。

三是在边界 $\varGamma$ 上给出了未知函数 u 及其沿 $\varGamma$ 的外法线方向的方向导数某种线性组合的值，即

$$\left.\left(\frac{\partial u}{\partial n} + \sigma u\right)\right|_{\varGamma} = f_3 \tag{1.64}$$

这种形式的边界条件称为**第三类边界条件**或**混合边界条件**，又称**洛平（Robin）边界条件**。

需要注意的是式（1.62）、式（1.63）和式（1.64）右端的 $f_i (i = 1, 2, 3)$ 都是定义在边界 $\varGamma$ 上（一般说来，也依赖于 t）的已知函数。不论哪一类型的边界条件，当它的数学表达式中的自由项（即不依赖于 u 的项）恒为零时，则这种边界条件称为**齐次的**，否则称为**非齐次的**。

1.5　定解问题的提法

1.5.1　定解问题及其适定性

前面几节我们推导了三种不同类型的偏微分方程并讨论了与它们相应的初始条件与边界条件的表达式。由于这些方程中出现的未知函数的偏导数的最高阶都是二阶，而且它们对于未知函数及其各阶偏导数来说都是线性的，所以这种方程为**二阶线性偏微分方程**。在实际工程技术应用中，遇到二阶线性偏微分方程的情

况较为普遍。

如果一个函数具有泛定方程中所需要的各阶连续偏导数,并且代入该方程中能使它变成恒等式,则此函数称为该方程的**解(古典解)**。由于每一个物理过程都处在特定的条件之下,所以我们的目的是要求出偏微分方程的适合某些特定条件的解。初始条件和边界条件都称为**定解条件**,而泛定方程和相应的定解条件结合在一起,就构成了一个**定解问题**(Asmar, 2004)。

只有初始条件,没有边界条件的定解问题称为**始值问题**[或柯西(Cauchy)问题];反之,没有初始条件,只有边界条件的定解问题称为**边值问题**。既有初始条件也有边界条件的定解问题称为**混合问题**。

一个定解问题是否符合实际情况,当然必须靠实践来证实,而从数学角度来看,通常可以从以下三方面加以检验:

(1)解的存在性,即看所归结出来的定解问题是否有解;

(2)解的唯一性,即看是否只存在一个解;

(3)解的稳定性,即看当定解条件发生微小变动时,解是否相应地只有微小的变动,如果确实如此,则称该解是稳定的。

如果一个定解问题存在唯一且稳定的解,则称此问题为适定的。在以后讨论中我们将主要讨论定解问题的解法,而很少讨论它的适定性,因为讨论定解问题的适定性往往十分困难,而本书所讨论的定解问题都是经典的,可以认为它们是适定的。

1.5.2 线性偏微分方程解的叠加性

在前面几节中,我们导出了几种典型的二阶偏微分方程。它们都是线性偏微分方程,也就是说,在方程中只出现对于未知函数的线性运算。为了下面的叙述简洁起见,不妨引进线性算符,进而把这些线性偏微分方程统一写成

$$Lu \equiv \sum_{i,k=1}^{n} A_{ik} \frac{\partial^2 u}{\partial x_i \partial x_k} + \sum_{i=1}^{n} B_i \frac{\partial u}{\partial x_i} + Cu = f \qquad (1.65)$$

式中:A_{ik}, B_i, C 和 f 都只是 x_1, x_2, $\cdots$, x_n 的已知函数,与未知函数 u 无关。具有非齐次项 f 的偏微分方程称为非齐次偏微分方程,如果 $f \equiv 0$,方程就是齐次的。

对于两个自变量的情形,式(1.65)可写为

$$a_{11}(x, y)\frac{\partial^2 u}{\partial x^2} + 2a_{12}(x, y)\frac{\partial^2 u}{\partial x \partial y} + a_{22}(x, y)\frac{\partial^2 u}{\partial y^2} + b_1(x, y)\frac{\partial u}{\partial x} +$$
$$b_2(x, y)\frac{\partial u}{\partial y} + c(x, y)u = f(x, y) \qquad (1.66)$$

下面不加证明地列出线性偏微分方程的几个基本性质,它们的证明都很简单,读者可以自己补证。

性质 1　若 u_1 和 u_2 都是齐次方程 $Lu=0$ 的解，即

$$Lu_1=0, \quad Lu_2=0$$

则它们的线性组合也是齐次方程的解，即

$$L(c_1u_1+c_2u_2)=0 \tag{1.67}$$

其中 c_1 和 c_2 是任意常数。

性质 2　若 u_1 和 u_2 都是非齐次方程 $Lu=f$ 的解，即

$$Lu_1=f, \quad Lu_2=f$$

则它们的差 u_1-u_2 一定是相应的齐次方程的解，即

$$L(u_1-u_2)=0 \tag{1.68}$$

换言之，非齐次方程的一个特解加上相应齐次方程的解仍是非齐次方程的解。

性质 3　若 u_1 和 u_2 分别满足非齐次方程，即

$$Lu_1=f_1, \quad Lu_2=f_2$$

则它们的线性组合 $c_1u_1+c_2u_2$ 满足非齐次方程，即

$$L(c_1u_1+c_2u_2)=c_1f_1+c_2f_2 \tag{1.69}$$

1.6　二阶线性偏微分方程的分类

描述物理过程的偏微分方程是多种多样的，因此需要我们对方程进行分类，进而给出其标准型，这样我们就可以只讨论标准形式的方程的求解方法。

1.6.1　变系数线性偏微分方程

设二阶线性偏微分方程为

$$a_{11}\frac{\partial^2 u}{\partial x^2}+2a_{12}\frac{\partial^2 u}{\partial x \partial y}+a_{22}\frac{\partial^2 u}{\partial y^2}+b_1\frac{\partial u}{\partial x}+b_2\frac{\partial u}{\partial y}+cu+f=0 \tag{1.70}$$

式中：系数 a_{11}，a_{12}，a_{22}，b_1，b_2，c 及自由项 f 均是关于 x，y 的函数。

我们的目的是希望利用自变量变换，使得在新的自变量下，方程(1.70)尽可能地得以简化，即变成所谓的标准型。

作自变量变换

$$\begin{cases} x=x(\xi, \eta) \\ y=y(\xi, \eta) \end{cases} \quad 即 \quad \begin{cases} \xi=\xi(x, y) \\ \eta=\eta(x, y) \end{cases}$$

假设雅克比(Jacobi)行列式 $\dfrac{\partial(\xi, \eta)}{\partial(x, y)}\neq 0$，以保证其逆变换存在。经过复合函数求导有

$$\frac{\partial u}{\partial x}=\frac{\partial u}{\partial \xi}\frac{\partial \xi}{\partial x}+\frac{\partial u}{\partial \eta}\frac{\partial \eta}{\partial x}, \quad \frac{\partial u}{\partial y}=\frac{\partial u}{\partial \xi}\frac{\partial \xi}{\partial y}+\frac{\partial u}{\partial \eta}\frac{\partial \eta}{\partial y} \tag{1.71}$$

$$\frac{\partial^2 u}{\partial x^2} = \left(\frac{\partial^2 u}{\partial \xi^2} \frac{\partial \xi}{\partial x} + \frac{\partial^2 u}{\partial \xi \partial \eta} \frac{\partial \eta}{\partial x} \right) \frac{\partial \xi}{\partial x} + \frac{\partial u}{\partial \xi} \frac{\partial^2 \xi}{\partial x^2} + \left(\frac{\partial^2 u}{\partial \eta^2} \frac{\partial \eta}{\partial x} + \frac{\partial^2 u}{\partial \xi \partial \eta} \frac{\partial \xi}{\partial x} \right) \frac{\partial \eta}{\partial x} + \frac{\partial u}{\partial \eta} \frac{\partial^2 \eta}{\partial x^2}$$

$$= \frac{\partial^2 u}{\partial \xi^2} \left(\frac{\partial \xi}{\partial x} \right)^2 + 2 \frac{\partial^2 u}{\partial \xi \partial \eta} \frac{\partial \xi}{\partial x} \frac{\partial \eta}{\partial x} + \frac{\partial^2 u}{\partial \eta^2} \left(\frac{\partial \eta}{\partial x} \right)^2 + \frac{\partial u}{\partial \xi} \frac{\partial^2 \xi}{\partial x^2} + \frac{\partial u}{\partial \eta} \frac{\partial^2 \eta}{\partial x^2}$$

$$\text{(1.72)}$$

$$\frac{\partial^2 u}{\partial x \partial y} = \frac{\partial^2 u}{\partial \xi^2} \frac{\partial \xi}{\partial x} \frac{\partial \xi}{\partial y} + \frac{\partial^2 u}{\partial \xi \partial \eta} \left(\frac{\partial \eta}{\partial y} \frac{\partial \xi}{\partial x} + \frac{\partial \eta}{\partial x} \frac{\partial \xi}{\partial y} \right) + \frac{\partial^2 u}{\partial \eta^2} \frac{\partial \eta}{\partial x} \frac{\partial \eta}{\partial y} + \frac{\partial u}{\partial \xi} \frac{\partial^2 \xi}{\partial x \partial y} + \frac{\partial u}{\partial \eta} \frac{\partial^2 \eta}{\partial x \partial y}$$

$$\text{(1.73)}$$

$$\frac{\partial^2 u}{\partial y^2} = \frac{\partial^2 u}{\partial \xi^2} \left(\frac{\partial \xi}{\partial y} \right)^2 + 2 \frac{\partial^2 u}{\partial \xi \partial \eta} \frac{\partial \xi}{\partial y} \frac{\partial \eta}{\partial y} + \frac{\partial^2 u}{\partial \eta^2} \left(\frac{\partial \eta}{\partial y} \right)^2 + \frac{\partial u}{\partial \xi} \frac{\partial^2 \xi}{\partial y^2} + \frac{\partial u}{\partial \eta} \frac{\partial^2 \eta}{\partial y^2} \quad \text{(1.74)}$$

将式(1.71)、式(1.72)、式(1.73)和式(1.74)代入式(1.70)就得到在新坐标系中的方程

$$A_{11} \frac{\partial^2 u}{\partial \xi^2} + 2A_{12} \frac{\partial^2 u}{\partial \xi \partial \eta} + A_{22} \frac{\partial^2 u}{\partial \eta^2} + B_1 \frac{\partial u}{\partial \xi} + B_2 \frac{\partial u}{\partial \eta} + Cu + F = 0 \quad \text{(1.75)}$$

它仍然是线性的，其系数

$$A_{11} = a_{11} \left(\frac{\partial \xi}{\partial x} \right)^2 + 2a_{12} \frac{\partial \xi}{\partial x} \frac{\partial \xi}{\partial y} + a_{22} \left(\frac{\partial \xi}{\partial y} \right)^2,$$

$$A_{12} = a_{11} \frac{\partial \xi}{\partial x} \frac{\partial \eta}{\partial x} + a_{12} \left(\frac{\partial \xi}{\partial x} \frac{\partial \eta}{\partial y} + \frac{\partial \eta}{\partial x} \frac{\partial \xi}{\partial y} \right) + a_{22} \frac{\partial \xi}{\partial y} \frac{\partial \eta}{\partial y},$$

$$A_{22} = a_{11} \left(\frac{\partial \eta}{\partial x} \right)^2 + 2a_{12} \frac{\partial \eta}{\partial x} \frac{\partial \eta}{\partial y} + a_{22} \left(\frac{\partial \eta}{\partial y} \right)^2,$$

$$B_1 = a_{11} \frac{\partial^2 \xi}{\partial x^2} + 2a_{12} \frac{\partial^2 \xi}{\partial x \partial y} + a_{22} \frac{\partial^2 \xi}{\partial y^2} + b_1 \frac{\partial \xi}{\partial x} + b_2 \frac{\partial \xi}{\partial y},$$

$$B_2 = a_{11} \frac{\partial^2 \eta}{\partial x^2} + 2a_{12} \frac{\partial^2 \eta}{\partial x \partial y} + a_{22} \frac{\partial^2 \eta}{\partial y^2} + b_1 \frac{\partial \eta}{\partial x} + b_2 \frac{\partial \eta}{\partial y},$$

$$C = c, \ F = f.$$

$$\text{(1.76)}$$

从式(1.76)容易看出，A_{11} 和 A_{22} 在形式上是一样的。如果方程

$$a_{11} \left(\frac{\partial z}{\partial x} \right)^2 + 2a_{12} \frac{\partial^2 z}{\partial x \partial y} + a_{22} \left(\frac{\partial z}{\partial y} \right)^2 = 0 \quad \text{(1.77)}$$

有一个特解 $z = \varphi(x, y)$，则取 $\xi = \varphi(x, y)$，就有 $A_{11} = 0$。同理，如果还有另一个特解 $z = \phi(x, y)$，则取 $\eta = \phi(x, y)$，就会有 $A_{22} = 0$。为了简化方程(1.70)，我们需要解一阶非线性偏微分方程(1.77)。

将方程(1.77)变形可得

$$a_{11} \left(-\frac{\partial z / \partial x}{\partial z / \partial y} \right)^2 - 2a_{12} \left(-\frac{\partial z / \partial x}{\partial z / \partial y} \right) + a_{22} = 0 \quad \text{(1.78)}$$

注意到由隐函数 $z(x, y(x)) = C$ 所确定的函数 $y(x)$ 的导函数的计算公式：

$$\frac{\mathrm{d}y(x)}{\mathrm{d}x} = -\frac{\partial z/\partial x}{\partial z/\partial y} \tag{1.79}$$

由式(1.78)和式(1.79)可得

$$a_{11}\left(\frac{\mathrm{d}y}{\mathrm{d}x}\right)^2 - 2a_{12}\frac{\mathrm{d}y}{\mathrm{d}x} + a_{22} = 0 \tag{1.80}$$

即如果 $\varphi[x, y(x)] = C$ 是方程(1.80)的通积分, 则 $z = \varphi(x, y)$ 是方程(1.77)的一个特解。由此可见方程(1.70)的分类和化简与常微分方程(1.80)有密切关系。通常, 我们称方程(1.80)为偏微分方程(1.70)的**本征方程**(或**特征方程**), 其通积分称为**本征线**(或**特征线**)。

方程(1.80)也经常写为下列形式

$$a_{11}(\mathrm{d}y)^2 - 2a_{12}\mathrm{d}x\mathrm{d}y + a_{22}(\mathrm{d}x)^2 = 0$$

本征方程(1.80)可分解为两个一阶常微分方程

$$\frac{\mathrm{d}y}{\mathrm{d}x} = \frac{a_{12} + \sqrt{a_{12}^2 - a_{11}a_{22}}}{a_{11}} = \frac{a_{12} + \sqrt{\Delta}}{a_{11}} \tag{1.81}$$

$$\frac{\mathrm{d}y}{\mathrm{d}x} = \frac{a_{12} - \sqrt{a_{12}^2 - a_{11}a_{22}}}{a_{11}} = \frac{a_{12} - \sqrt{\Delta}}{a_{11}} \tag{1.82}$$

式中: $\Delta = a_{12}^2(x, y) - a_{11}(x, y)a_{22}(x, y)$。类似于平面二次曲线的分类, 根据判别式 Δ 的符号, 我们给出对二阶线性偏微分方程(1.70)进行分类的一个标准。

当 $\Delta > 0$ 时, 则称式(1.70)为**双曲型方程**; 当 $\Delta < 0$ 时, 则称式(1.70)为**椭圆型方程**; 当 $\Delta = 0$ 时, 则称式(1.70)为**抛物型方程**。

由式(1.81)和式(1.82)可知, 双曲型方程有两簇实本征线, 抛物型方程有一簇实本征线(两簇本征线重合), 椭圆型方程无实本征线(两簇虚本征线)。

由式(1.76)容易验证

$$A_{12}^2 - A_{11}A_{22} = (a_{12}^2 - a_{11}a_{22})\left(\frac{\partial \xi}{\partial x}\frac{\partial \eta}{\partial y} - \frac{\partial \xi}{\partial y}\frac{\partial \eta}{\partial x}\right)^2 \tag{1.83}$$

由于 $\frac{\partial(\xi, \eta)}{\partial(x, y)} \neq 0$, 因而方程的类型不会因自变量的变换而改变。

应该指出, 由于 $\Delta = a_{12}^2(x, y) - a_{11}(x, y)a_{22}(x, y)$, 同一方程在自变量的某些区域属于某一类型, 而在另一些区域则可能属于另一类型, 此时称其在整个区域上为混合型的。

现在按方程的类型来讨论它的简化问题。首先来看双曲型方程, 它有两簇实本征线: $\varphi(x, y) = \text{const}$ 和 $\phi(x, y) = \text{const}$。取 $\xi = (x, y)$, $\eta = \phi(x, y)$, 则 $A_{11} = A_{22} = 0$, 此时方程(1.75)变成

$$\frac{\partial^2 u}{\partial \xi \partial \eta} = -\frac{1}{2A_{12}}\left(B_1\frac{\partial u}{\partial \xi} + B_2\frac{\partial u}{\partial \eta} + Cu + F\right) \tag{1.84}$$

若再作自变量变换

$$\begin{cases} \xi = \alpha + \beta \\ \eta = \alpha - \beta \end{cases} \quad 即 \quad \begin{cases} \alpha = \dfrac{1}{2}(\xi + \eta) \\ \beta = \dfrac{1}{2}(\xi - \eta) \end{cases}$$

则方程(1.84)可化为

$$\frac{\partial^2 u}{\partial \alpha^2} - \frac{\partial^2 u}{\partial \beta^2} = -\frac{1}{2A_{12}}\Big[(B_1 + B_2)\frac{\partial u}{\partial \alpha} + (B_1 - B_2)\frac{\partial u}{\partial \beta} + 2Cu + 2F \Big] \quad (1.85)$$

式(1.84)和式(1.85)均可以看作双曲型方程的标准形式。

接下来看抛物型方程，它只有一簇实本征线 $\varphi(x, y) = \text{const}$，此时式(1.77)化为完全平方有

$$\left(\sqrt{a_{11}}\frac{\partial \varphi}{\partial x} + \sqrt{a_{22}}\frac{\partial \varphi}{\partial y} \right)^2 = 0$$

作变量变换

$$\begin{cases} \xi = \varphi(x, y) \\ \eta = \eta(x, y) \end{cases}$$

这里，$\eta(x, y)$ 为任取的一个新自变量，但使雅可比行列式 $\dfrac{\partial(\xi, \eta)}{\partial(x, y)} \neq 0$，显然 $A_{11} = 0$，同时还有

$$\begin{aligned} A_{12} &= a_{11}\frac{\partial \xi}{\partial x}\frac{\partial \eta}{\partial x} + \sqrt{a_{11}a_{22}}\Big(\frac{\partial \xi}{\partial x}\frac{\partial \eta}{\partial y} + \frac{\partial \xi}{\partial y}\frac{\partial \eta}{\partial x}\Big) + a_{22}\frac{\partial \xi}{\partial y}\frac{\partial \eta}{\partial y} \\ &= \sqrt{a_{11}}\frac{\partial \xi}{\partial x}\Big(\sqrt{a_{11}}\frac{\partial \eta}{\partial x} + \sqrt{a_{22}}\frac{\partial \eta}{\partial y} \Big) + \sqrt{a_{22}}\frac{\partial \xi}{\partial y}\Big(\sqrt{a_{11}}\frac{\partial \eta}{\partial x} + \sqrt{a_{22}}\frac{\partial \eta}{\partial y} \Big) \\ &= \Big(\sqrt{a_{11}}\frac{\partial \xi}{\partial x} + \sqrt{a_{22}}\frac{\partial \xi}{\partial y} \Big)\Big(\sqrt{a_{11}}\frac{\partial \eta}{\partial x} + \sqrt{a_{22}}\frac{\partial \eta}{\partial y} \Big) \\ &= 0 \end{aligned}$$

于是，由式(1.75)可得

$$\frac{\partial^2 u}{\partial \eta^2} = -\frac{1}{A_{22}}\Big(B_1\frac{\partial u}{\partial \xi} + B_2\frac{\partial u}{\partial \eta} + Cu + F \Big) \quad (1.86)$$

它就是抛物型方程的标准形式。

最后，我们再来讨论椭圆型方程，它有两簇虚本征线：$\varphi(x, y) = \text{const}$ 和 $\overline{\varphi}(x, y) = \text{const}$，这里 $\overline{\varphi}$ 是 φ 的复共轭。取 $\xi = \varphi(x, y)$，$\eta = \overline{\varphi}(x, y)$，由式(1.75)可得

$$\frac{\partial^2 u}{\partial \xi \partial \eta} = -\frac{1}{2A_{12}}\Big(B_1\frac{\partial u}{\partial \xi} + B_2\frac{\partial u}{\partial \eta} + Cu + F \Big) \quad (1.87)$$

注意这个方程形式上与式(1.84)相似，但这里的 ξ，η 是复函数。为了应用上的方便，再作变量变换

$$\begin{cases} \xi = \alpha + i\beta \\ \eta = \alpha - i\beta \end{cases} \quad \text{即} \quad \begin{cases} \alpha = \mathrm{Re}\xi = \dfrac{1}{2}(\xi + \eta) \\ \beta = \mathrm{Im}\xi = \dfrac{1}{2i}(\xi - \eta) \end{cases}$$

于是,式(1.87)可化为

$$\frac{\partial^2 u}{\partial \alpha^2} + \frac{\partial^2 u}{\partial \beta^2} = -\frac{1}{A_{12}}\Big[(B_1 + B_2)\frac{\partial u}{\partial \alpha} + i(B_1 - B_2)\frac{\partial u}{\partial \beta} + 2Cu + 2F \Big] \quad (1.88)$$

这便是椭圆型方程的标准形式,也可直接取 $\xi = \mathrm{Re}[\varphi(x, y)]$,$\eta = \mathrm{Im}[\varphi(x, y)]$,可以证明在此变换下原方程也可化成式(1.88)。实际上,化标准型更多采用这种方法。

下面我们举两个化标准型的例子。

例 1.1 化简弦振动方程 $u_{tt} - a^2 u_{xx} = 0$。

解 其本身已经是标准型(1.85),现在将其化为标准型(1.84)。

(1)写出本征方程:$(dx)^2 - a^2 (dt)^2 = 0$;

(2)求本征线,即解 $dx - adt = 0$,$dx + adt = 0$,得其本征线为:$x + at = c$,$x - at = c$;

(3)作变量变换:$\xi = x + at$,$\eta = x - at$。

易验证原方程即化为标准型(1.84):$\dfrac{\partial^2 u}{\partial \xi \partial \eta} = 0$。

例 1.2 化简特立谷米(Tricomi)方程 $yu_{xx} + u_{yy} = 0$。

解 根据判别式 $\Delta = -y$ 可知,特立谷米方程在整个 xy 平面上是混合型方程。为了化简该方程,我们以 $y < 0$ 和 $y > 0$ 两种情况来讨论:

(1)当 $y < 0$ 时,$\Delta = -y > 0$,方程是双曲型,本征方程为

$$y (dy)^2 + (dx)^2 = 0$$

从而有

$$dx = \pm i\sqrt{y}dy$$

积分得本征线簇

$$x + \frac{2}{3}(-y)^{3/2} = C_1, \quad x - \frac{2}{3}(-y)^{3/2} = C_2$$

令

$$\begin{cases} \xi = 3x + 2(-y)^{3/2} \\ \eta = 3x - 2(-y)^{3/2} \end{cases} \quad \text{即} \quad \begin{cases} x = \dfrac{1}{6}(\xi + \eta) \\ y = -\Big(\dfrac{\xi - \eta}{4}\Big)^{2/3} \end{cases}$$

则有

$$\frac{\partial u}{\partial x} = \frac{\partial u}{\partial \xi}\frac{\partial \xi}{\partial x} + \frac{\partial u}{\partial \eta}\frac{\partial \eta}{\partial x} = \frac{\partial u}{\partial \xi}\cdot 3 + \frac{\partial u}{\partial \eta}\cdot 3,$$

$$\frac{\partial u}{\partial y} = \frac{\partial u}{\partial \xi}\frac{\partial \xi}{\partial y} + \frac{\partial u}{\partial \eta}\frac{\partial \eta}{\partial y} = \frac{\partial u}{\partial \xi}\big(-3\sqrt{-y}\big) + \frac{\partial u}{\partial \eta}\big(3\sqrt{-y}\big),$$

$$\frac{\partial^2 u}{\partial x^2} = \frac{\partial^2 u}{\partial \xi^2}\cdot 9 + 2\frac{\partial^2 u}{\partial \xi \partial \eta}\cdot 3\cdot 3 + \frac{\partial^2 u}{\partial \eta^2}\cdot 9,$$

$$\frac{\partial^2 u}{\partial y^2} = \frac{\partial^2 u}{\partial \xi^2}(-9y) + 2\frac{\partial^2 u}{\partial \xi \partial \eta}\cdot 9y + \frac{\partial^2 u}{\partial \eta^2}(-9y) + \frac{\partial u}{\partial \xi}\frac{3}{2\sqrt{-y}} + \frac{\partial u}{\partial \eta}\frac{-3}{2\sqrt{-y}}.$$

代入原方程，得到在 $y<0$ 上的一种标准形式为

$$\frac{\partial^2 u}{\partial \xi \partial \eta} = \frac{1}{6(\xi-\eta)}\Big(\frac{\partial u}{\partial \xi} - \frac{\partial u}{\partial \eta}\Big)$$

若再令

$$\begin{cases} \xi = \alpha+\beta \\ \eta = \alpha-\beta \end{cases} \quad 即 \quad \begin{cases} \alpha = \dfrac{1}{2}(\xi+\eta) \\ \beta = \dfrac{1}{2}(\xi-\eta) \end{cases}$$

则有

$$\frac{\partial^2 u}{\partial \alpha^2} - \frac{\partial^2 u}{\partial \beta^2} = \frac{1}{\beta}\frac{\partial u}{\partial \beta}$$

它也是原方程在 $y<0$ 上的一种标准形式。

(2) 当 $y>0$ 时，$\Delta = -y<0$，方程是椭圆型，本征方程为

$$y(\mathrm{d}y)^2 + (\mathrm{d}x)^2 = 0$$

从而有

$$\mathrm{d}x = \pm\mathrm{i}\sqrt{y}\mathrm{d}y$$

它的积分是

$$x + \mathrm{i}\frac{2}{3}y^{3/2} = C_1, \quad x - \mathrm{i}\frac{2}{3}y^{3/2} = C_2$$

作变量变换

$$\begin{cases} \xi = x \\ \eta = \dfrac{2}{3}y^{3/2} \end{cases} \quad 即 \quad \begin{cases} x = \xi \\ y = \Big(\dfrac{3}{2}\eta\Big)^{2/3} \end{cases}$$

则有

$$\frac{\partial u}{\partial x} = \frac{\partial u}{\partial \xi}, \quad \frac{\partial u}{\partial y} = \frac{\partial u}{\partial \eta}\Big(\frac{3}{2}\eta\Big)^{1/3}, \quad \frac{\partial^2 u}{\partial x^2} = \frac{\partial^2 u}{\partial \xi^2},$$

$$\frac{\partial^2 u}{\partial y^2} = \frac{\partial^2 u}{\partial \eta^2}y + \frac{\partial u}{\partial \eta}\frac{1}{2\sqrt{y}}.$$

代入原方程，得到在 $y>0$ 上的标准形式为

$$\frac{\partial^2 u}{\partial \xi^2} + \frac{\partial^2 u}{\partial \eta^2} + \frac{1}{3\eta}\frac{\partial u}{\partial \eta} = 0$$

1.6.2　常系数线性偏微分方程

对于变系数方程(1.70),我们通过自变量变换得到了它们的标准形式[式(1.84)~式(1.86),式(1.88)],但其中仍包含一阶偏导函数项。如果系数是常数,按上述方法化简为标准形式后,还可以通过函数变换将其中的某些一阶导函数项消去。

我们先看椭圆型方程

$$\frac{\partial^2 u}{\partial \xi^2} + \frac{\partial^2 u}{\partial \eta^2} + b_1 \frac{\partial u}{\partial \xi} + b_2 \frac{\partial u}{\partial \eta} + cu + f = 0 \tag{1.89}$$

作函数代换

$$u(\xi, \eta) = v(\xi, \eta) e^{\lambda \xi + \mu \eta}$$

这里的 λ, μ 是待定的常数,经过计算有

$$\frac{\partial u}{\partial \xi} = e^{\lambda \xi + \mu \eta} \left(\frac{\partial v}{\partial \xi} + \lambda v \right), \quad \frac{\partial u}{\partial \eta} = e^{\lambda \xi + \mu \eta} \left(\frac{\partial v}{\partial \eta} + \mu v \right),$$

$$\frac{\partial^2 u}{\partial \xi^2} = e^{\lambda \xi + \mu \eta} \left(\frac{\partial^2 v}{\partial \xi^2} + 2\lambda \frac{\partial v}{\partial \xi} + \lambda^2 v \right),$$

$$\frac{\partial^2 u}{\partial \xi \partial \eta} = e^{\lambda \xi + \mu \eta} \left(\frac{\partial^2 v}{\partial \xi \partial \eta} + \lambda \frac{\partial v}{\partial \xi} + \mu \frac{\partial v}{\partial \eta} + \lambda \mu v \right),$$

$$\frac{\partial^2 u}{\partial \eta^2} = e^{\lambda \xi + \mu \eta} \left(\frac{\partial^2 v}{\partial \eta^2} + 2\mu \frac{\partial v}{\partial \eta} + \mu^2 v \right).$$

以此代入式(1.89)并约去公因子 $e^{\lambda \xi + \mu \eta}$,得

$$\frac{\partial^2 v}{\partial \xi^2} + \frac{\partial^2 v}{\partial \eta^2} + (b_1 + 2\lambda) \frac{\partial v}{\partial \xi} + (b_2 + 2\mu) \frac{\partial v}{\partial \eta} + (\lambda^2 + \mu^2 + b_1 \lambda + b_2 \mu + c) v + e^{-\lambda \xi - \mu \eta} f = 0$$

如果选取 $\lambda = -b_1/2$, $\mu = -b_2/2$,则这个方程可以写成:

$$\frac{\partial^2 v}{\partial \xi^2} + \frac{\partial^2 v}{\partial \eta^2} + Dv + E = 0 \tag{1.90}$$

它仍然是常系数椭圆型方程,但一阶偏导函数项已经不存在了。

同理,抛物型方程

$$\frac{\partial^2 u}{\partial \xi^2} + b_1 \frac{\partial u}{\partial \xi} + b_2 \frac{\partial u}{\partial \eta} + cu + f = 0 \tag{1.91}$$

可以化为

$$\frac{\partial^2 v}{\partial \xi^2} + D \frac{\partial v}{\partial \eta} + E = 0 \tag{1.92}$$

同样,对于双曲型方程

$$\frac{\partial^2 u}{\partial \xi^2} - \frac{\partial^2 u}{\partial \eta^2} + b_1 \frac{\partial u}{\partial \xi} + b_2 \frac{\partial u}{\partial \eta} + cu + f = 0 \tag{1.93}$$

或

$$\frac{\partial^2 u}{\partial \xi \partial \eta} + b_1 \frac{\partial u}{\partial \xi} + b_2 \frac{\partial u}{\partial \eta} + cu + f = 0 \qquad (1.94)$$

可以化为

$$\frac{\partial^2 v}{\partial \xi^2} - \frac{\partial^2 v}{\partial \eta^2} + Dv + E = 0 \qquad (1.95)$$

或

$$\frac{\partial^2 v}{\partial \xi \partial \eta} + Dv + E = 0 \qquad (1.96)$$

从式(1.90)、式(1.92)和式(1.95)不难看出,我们在前面导出的典型偏微分方程正是这三类方程的简单代表。

第 2 章　有限差分法基础

在求解偏微分方程时，只有在一些特殊情况下才可以方便地求得其精确解。一般情况下，当方程或定解条件具有比较复杂的形式，或求解区域也很不规则时，往往求不到或不易求到其精确解。实际的需要促使我们应用有限差分法（finite difference method，FDM）、有限单元法（finite element method，FEM）等数值模拟方法，以求其近似解。有限差分法是一种直接将微分问题变为代数问题的近似数值解法，数学概念清晰，表达简单、直观（Gerya，2009）。无论是常微分方程、偏微分方程、各种类型的二阶线性方程，还是高阶或非线性方程，均可利用差分法将其转换为代数方程组，而后利用计算机求其数值解。

有限差分法的基础是差分原理，它把连续问题变为离散问题，即用各离散点上的数值解来逼近连续域内的真实解，因而它是一种近似的计算方法，根据目前计算机的容量和速度，对地球物理中的许多偏微分方程问题都可以得到足够高的计算精度。

2.1　差分与差商

设函数 $u(x)$ 具有一阶导数，由泰勒（Taylor）公式展开可得

$$u(x + \Delta x) = u(x) + u'(x)\Delta x + o(\Delta x) \tag{2.1}$$

及

$$u(x - \Delta x) = u(x) - u'(x)\Delta x + o(\Delta x) \tag{2.2}$$

从以上两式可以看出，若不计高阶无穷小 $o(\Delta x)$，则 $u'(x)$ 可以近似地用一阶差商代替：

$$u'(x) \approx \frac{u(x + \Delta x) - u(x)}{\Delta x} \tag{2.3}$$

$$u'(x) \approx \frac{u(x) - u(x - \Delta x)}{\Delta x} \tag{2.4}$$

$$u'(x) \approx \frac{u(x + \Delta x) - u(x - \Delta x)}{2\Delta x} \tag{2.5}$$

其中，式（2.3）称为**一阶向前差商**；式（2.4）称为**一阶向后差商**；式（2.5）称为**一阶中心差商**。

设函数 $u(x)$ 具有二阶导数，由泰勒(Taylor)公式展开可得

$$u(x + \Delta x) = u(x) + u'(x)\Delta x + \frac{u''(x)}{2!}(\Delta x)^2 + o[(\Delta x)^2] \tag{2.6}$$

及

$$u(x - \Delta x) = u(x) - u'(x)\Delta x + \frac{u''(x)}{2!}(\Delta x)^2 + o[(\Delta x)^2] \tag{2.7}$$

式(2.6)和式(2.7)相加，得

$$u(x + \Delta x) + u(x - \Delta x) = 2u(x) + u''(x)(\Delta x)^2 + o[(\Delta x)^2] \tag{2.8}$$

若不计高阶无穷小 $o[(\Delta x)^2]$，则 $u''(x)$ 可近似地用**二阶差商**代替：

$$u''(x) \approx \frac{u(x + \Delta x) - 2u(x) + u(x - \Delta x)}{(\Delta x)^2} \tag{2.9}$$

对于偏导数，可仿照上述方法，将 $\frac{\partial u}{\partial x}$ 表示为

$$\frac{\partial u}{\partial x} \approx \frac{u(x + \Delta x, y, z) - u(x, y, z)}{\Delta x} \tag{2.10}$$

同样，二阶偏导数可表示为

$$\frac{\partial^2 u}{\partial x^2} \approx \frac{u(x + \Delta x, y, z) - 2u(x, y, z) + u(x - \Delta x, y, z)}{(\Delta x)^2} \tag{2.11}$$

$$\frac{\partial^2 u}{\partial y^2} \approx \frac{u(x, y + \Delta y, z) - 2u(x, y, z) + u(x, y - \Delta y, z)}{(\Delta y)^2} \tag{2.12}$$

$$\frac{\partial^2 u}{\partial x^2} \approx \frac{u(x, y, z + \Delta z) - 2u(x, y, z) + u(x, y, z - \Delta z)}{(\Delta z)^2} \tag{2.13}$$

由此可见，导致有限差分法误差的关键为 Δx、Δy 和 Δz 的大小。

2.2 求解步骤与网格剖分

有限差分法的应用范围很广，不仅能求解恒定场或似稳场，还能求解时变场。从前面的数学分析可以看到，有限差分法是一种以差分原理为基础的数值方法，它实质上是将连续域问题变换为离散系统的问题来求解，也就是通过网格离散化模型上各离散点的数值解来逼近连续场域的真实解(陈涌频，2016)。通常的解题步骤如下：

(1)采用一定的网格剖分方式离散化场域。从原则上说，离散点可以采取任意方式分布，但为了简化问题，减少所用的差分格式数目，提高解题速度和精度，通常使得离散点按一定的规律分布，即用规则网格剖分求解域。常见的规则差分网格有正方形、矩形、平行四边形、等角六边形或极坐标网格等，如图2.1所示。这些规则网格线的节点就是我们要计算其场值的离散点，网格间的距离称为步长。其中最常用，也是最重要的是矩形网格。

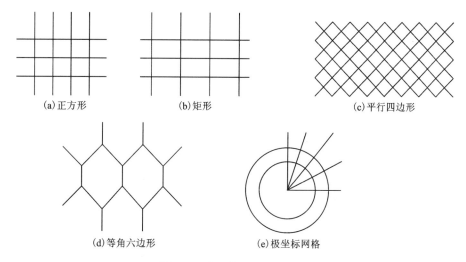

（a）正方形　　　（b）矩形　　　　　　　（c）平行四边形

（d）等角六边形　　　（e）极坐标网格

图 2.1　常见的规则差分网格

（2）利用差商原理，将微分方程转换为差分方程。需要对场域内的偏微分方程、边界条件和初始条件都进行差分离散化处理，给出相应的差分计算格式，导出相应的线性方程组。

（3）结合选定的代数方程组的解法，编制计算机程序。差分方程通常是一组数量较多的线性代数方程，其求解方法主要包括两种：精确法和近似法。精确法又称直接法，包括矩阵法、高斯消元法及主元素消元法；近似法又称间接法，以迭代法为主，主要包括定常迭代法和 Krylov 子空间迭代法。

（4）精度分析和检验。对所得的数值结果进行进度与收敛性分析和检验。

2.3　边界条件处理

首先是 Dirichlet 边界条件，最简单的情况是边界与网格点相交，如矩形区域的情况，这时直接在边界节点上取值即可。在 Dirichlet 边界条件下，若考虑如下二维泊松方程的边值问题：

$$\begin{cases} \dfrac{\partial^2 u}{\partial x^2} + \dfrac{\partial^2 u}{\partial y^2} = f(x, y), \ a < x < b, \ c < y < d \\ u(a, y) = \varphi_1(y) \\ u(b, y) = \varphi_2(y) \\ u(x, c) = \phi_1(x) \\ u(x, d) = \phi_2(x) \end{cases} \qquad (2.14)$$

那么边界条件的差分格式可以写成：

$$\begin{cases} u_{0,j} = \varphi_1(j\Delta y) \ (j = 0,\ 1,\ \cdots,\ M) \\ u_{N,j} = \varphi_2(j\Delta y) \\ u_{i,0} = \phi_1(i\Delta x) \ (i = 0,\ 1,\ \cdots,\ N) \\ u_{i,M} = \phi_2(i\Delta x) \end{cases} \tag{2.15}$$

式中：N 和 M 分别为 x 方向与 y 方向网格剖分单元数。

其次，我们讨论 Neumann 边界的差分格式。在 Neumann 边界条件下，若考虑如下二维泊松方程的边值问题：

$$\begin{cases} \dfrac{\partial^2 u}{\partial x^2} + \dfrac{\partial^2 u}{\partial y^2} = f(x,\ y),\ a < x < b,\ c < y < d \\ \dfrac{\partial u}{\partial x}\bigg|_{x=a} = \varphi_1(y),\ \dfrac{\partial u}{\partial x}\bigg|_{x=b} = \varphi_2(y) \\ \dfrac{\partial u}{\partial y}\bigg|_{y=c} = \phi_1(x),\ \dfrac{\partial u}{\partial y}\bigg|_{y=d} = \phi_2(x) \end{cases} \tag{2.16}$$

式中：$f(x,\ y)$ 为已知函数，$u(x,\ y)$ 为待求函数。

我们可以采用差分法近似处理 Neumann 边界条件。利用向前差商逼近 $\dfrac{\partial u}{\partial x}\bigg|_{x=a}$

和 $\dfrac{\partial u}{\partial y}\bigg|_{y=c}$，而利用向后差商来逼近 $\dfrac{\partial u}{\partial x}\bigg|_{x=b}$ 和 $\dfrac{\partial u}{\partial y}\bigg|_{y=d}$，这样我们得出 Neumann 边界条件处理形式：

$$\begin{cases} \dfrac{u_{1,j} - u_{0,j}}{\Delta x} = \varphi_1(j\Delta y) \ (j = 0,\ 1,\ \cdots,\ M) \\ \dfrac{u_{N,j} - u_{N-1,j}}{\Delta x} = \varphi_2(j\Delta y) \\ \dfrac{u_{i,1} - u_{i,0}}{\Delta y} = \phi_1(i\Delta x) \ (i = 0,\ 1,\ \cdots,\ N) \\ \dfrac{u_{i,M} - u_{i,M-1}}{\Delta y} = \phi_2(i\Delta x) \end{cases} \tag{2.17}$$

最后，我们考虑 Robin 边界条件。在 Robin 边界条件下，考虑如下二维泊松方程的边值问题：

$$\begin{cases} \dfrac{\partial^2 u}{\partial x^2} + \dfrac{\partial^2 u}{\partial y^2} = f(x,\ y),\ a < x < b,\ c < y < d \\ \left(\dfrac{\partial u}{\partial x} + k_1 u\right)\bigg|_{x=a} = \varphi_1(y),\ \left(\dfrac{\partial u}{\partial x} + k_2 u\right)\bigg|_{x=b} = \varphi_2(y) \\ \left(\dfrac{\partial u}{\partial y} + k_3 u\right)\bigg|_{y=c} = \phi_1(x),\ \left(\dfrac{\partial u}{\partial y} + k_3 u\right)\bigg|_{y=d} = \phi_2(x) \end{cases} \tag{2.18}$$

式中：$f(x,y)$为已知函数，$u(x,y)$为待求函数。这时，Robin 边界条件的差分格式可以写成：

$$\begin{cases} \dfrac{u_{1,j} - u_{0,j}}{\Delta x} + k_1 u_{0,j} = \varphi_1(j\Delta y) \quad (j=0,1,\cdots,M) \\[3mm] \dfrac{u_{N,j} - u_{N-1,j}}{\Delta x} + k_2 u_{N,j} = \varphi_2(j\Delta y) \\[3mm] \dfrac{u_{i,1} - u_{i,0}}{\Delta y} + k_3 u_{i,0} = \phi_1(i\Delta x) \quad (i=0,1,\cdots,N) \\[3mm] \dfrac{u_{i,M} - u_{i,M-1}}{\Delta y} + k_4 u_{i,M} = \phi_2(i\Delta x) \end{cases} \qquad (2.19)$$

第 3 章　稳定场方程的有限差分法

稳定场方程通常指物理量在不随时间变化的情况下满足的偏微分方程，包括拉普拉斯方程、泊松方程和亥姆霍兹方程，主要描述稳定温度场、静电场、时变电磁波的电场或磁场空间分布等。本章主要讨论稳定场方程边值问题的差分解法，涉及差分格式的建立和边界条件的处理。

3.1　一维稳定场方程的差分解法

为了叙述一维稳定场方程的差分解法，我们考虑如下一维泊松方程：

$$\begin{cases} \dfrac{\partial^2 u}{\partial x^2} = f(x) \,, \ 0 < x < a \\ u\big|_{x=0} = \varphi_1(x) \\ u\big|_{x=a} = \varphi_2(x) \end{cases} \tag{3.1}$$

首先将求解区域进行网格离散化，如图 3.1 所示。

图 3.1　一维求解区域网格离散化

因此有

$$x_i = i\Delta x, \ i = 0, \ 1, \ \cdots, \ N$$

式中：$\Delta x = \dfrac{a}{N}$。令

$$u_i = u(x_i), \ i = 0, \ 1, \ \cdots, \ N$$

在节点 $i - \dfrac{1}{2}$ 和 $i + \dfrac{1}{2}$ 处，采用有限差分近似计算偏导数：

$$\frac{\partial u}{\partial x}\bigg|_{x_{i-1/2}} \approx \frac{u_i - u_{i-1}}{x_i - x_{i-1}} = \frac{u_i - u_{i-1}}{\Delta x}, \ \frac{\partial u}{\partial x}\bigg|_{x_{i+1/2}} \approx \frac{u_{i+1} - u_i}{x_{i+1} - x_i} = \frac{u_{i+1} - u_i}{\Delta x} \tag{3.2}$$

于是，

$$\frac{\partial^2 u}{\partial x^2}\bigg|_{x_i} = \frac{\partial}{\partial x}\left(\frac{\partial u}{\partial x}\right)\bigg|_{x_i} \approx \frac{1}{\Delta x}\left(\frac{\partial u}{\partial x}\bigg|_{x_{i+1/2}} - \frac{\partial u}{\partial x}\bigg|_{x_{i-1/2}}\right)$$

$$= \frac{1}{\Delta x}\left(\frac{u_{i+1} - u_i}{\Delta x} - \frac{u_i - u_{i-1}}{\Delta x}\right)$$

$$= \frac{u_{i+1} - 2u_i + u_{i-1}}{(\Delta x)^2} \tag{3.3}$$

根据式(3.1)和式(3.3)，可得：

$$\frac{u_{i+1} - 2u_i + u_{i-1}}{(\Delta x)^2} = f(i\Delta x) \tag{3.4}$$

同理，在 x_{i-1} 和 x_{i+1} 节点处有：

$$\frac{u_i - 2u_{i-1} + u_{i-2}}{(\Delta x)^2} = f[(i-1)\Delta x] \tag{3.5}$$

$$\frac{u_{i+2} - 2u_{i+1} + u_i}{(\Delta x)^2} = f[(i+1)\Delta x] \tag{3.6}$$

记 $f(i\Delta x) = f_i$，将式(3.4)、式(3.5)和式(3.6)写成矩阵形式有：

$$\begin{pmatrix} \frac{1}{(\Delta x)^2} & \frac{-2}{(\Delta x)^2} & \frac{1}{(\Delta x)^2} & 0 & 0 \\ 0 & \frac{1}{(\Delta x)^2} & \frac{-2}{(\Delta x)^2} & \frac{1}{(\Delta x)^2} & 0 \\ 0 & 0 & \frac{1}{(\Delta x)^2} & \frac{-2}{(\Delta x)^2} & \frac{1}{(\Delta x)^2} \end{pmatrix} \begin{pmatrix} u_{i-2} \\ u_{i-1} \\ u_i \\ u_{i+1} \\ u_{i+2} \end{pmatrix} = \begin{pmatrix} f_{i-1} \\ f_i \\ f_{i+1} \end{pmatrix} \tag{3.7}$$

推广到所有节点可得：

$$\begin{pmatrix} \frac{1}{(\Delta x)^2} & \frac{-2}{(\Delta x)^2} & \frac{1}{(\Delta x)^2} & 0 & \cdots & 0 \\ 0 & \frac{1}{(\Delta x)^2} & \frac{-2}{(\Delta x)^2} & \frac{1}{(\Delta x)^2} & \cdots & 0 \\ \vdots & & & & & \vdots \\ 0 & \cdots & 0 & \frac{1}{(\Delta x)^2} & \frac{-2}{(\Delta x)^2} & \frac{1}{(\Delta x)^2} \end{pmatrix} \begin{pmatrix} u_0 \\ u_1 \\ \vdots \\ u_N \end{pmatrix} = \begin{pmatrix} f_1 \\ f_2 \\ \vdots \\ f_{N-1} \end{pmatrix} \tag{3.8}$$

该方程组含有 $N-1$ 个方程以及 $N+1$ 个未知数。

根据边界条件：$u_0 = \varphi_1(x)$，$u_N = \varphi_2(x)$，式(3.8)可以写为：

$$\begin{pmatrix} 1 & 0 & 0 & 0 & \cdots & 0 \\ \dfrac{1}{(\Delta x)^2} & \dfrac{-2}{(\Delta x)^2} & \dfrac{1}{(\Delta x)^2} & 0 & \cdots & 0 \\ 0 & \dfrac{1}{(\Delta x)^2} & \dfrac{-2}{(\Delta x)^2} & \dfrac{1}{(\Delta x)^2} & \cdots & 0 \\ \vdots & & & & & \vdots \\ 0 & \cdots & 0 & \dfrac{1}{(\Delta x)^2} & \dfrac{-2}{(\Delta x)^2} & \dfrac{1}{(\Delta x)^2} \\ 0 & \cdots & 0 & 0 & 0 & 1 \end{pmatrix} \begin{pmatrix} u_0 \\ u_1 \\ \vdots \\ u_N \end{pmatrix} = \begin{pmatrix} \varphi_1(x) \\ f_1 \\ f_2 \\ \vdots \\ f_{N-1} \\ \varphi_2(x) \end{pmatrix} \quad (3.9)$$

方程组(3.9)含有 $N+1$ 个方程以及 $N+1$ 个未知数，求解该线性方程组即可得到节点处的值。同时，线性方程组所对应的系数矩阵具有稀疏形式，如图 3.2 所示。

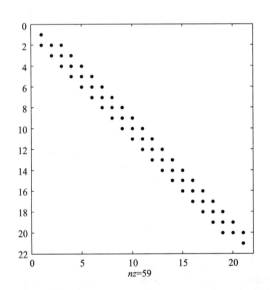

图 3.2　一维泊松方程差分法计算形成的系数矩阵非零元素分布图

例 3.1　编制程序实现下列一维泊松方程的差分近似解：

$$\begin{cases} \dfrac{\partial^2 u}{\partial x^2} = 1,\ 0 < x < 1 \\ u\big|_{x=0} = 0 \\ u\big|_{x=1} = 0 \end{cases}$$

解　该泊松方程的解析解为：$u = \dfrac{x^2 - x}{2}$。

取 $N=20$，程序设计如下：

```
% 有限差分法计算第一类边界条件下的一维泊松方程
clear all;
a = 1;
N = 20;
dx = a/N;
x = 0:dx:a;
K = sparse(N+1, N+1);
P = sparse(N+1, 1);
% 边界条件
K(1, 1)     = 1; P(1)   = 0;
K(N+1, N+1) = 1; P(N+1) = 0;
% 差分法计算
for j = 2:N
   K(j, j-1:j+1) = [1/dx^2 -2/dx^2 1/dx^2];
   P(j) = 1;
end
u = K\P;    %  线性方程组求解－－直接法
% 解析解
u_ana = 0.5*x.^2 - 0.5*x;
% 图示计算结果
plot(x, u, 'ro');
hold on
plot(x, u_ana)
grid on
xlabel('x');
ylabel('u');
legend('FDM solution', 'Analytical solution');
```

程序执行结果如图 3.3 所示。从图 3.3 可以看出，差分近似解与解析解吻合得很好。

对式(3.8)强加边界条件后，对应的线性方程组的系数矩阵不具有对称性，见图 3.2。为了得到对称的系数矩阵，需要将已知的边界值代入到式(3.8)，于是可得

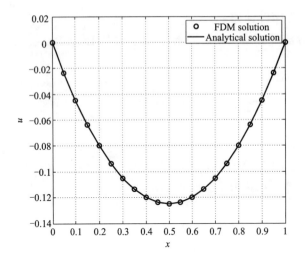

图 3.3　一维泊松方程差分法计算结果

$$
\begin{pmatrix}
\dfrac{-2}{(\Delta x)^2} & \dfrac{1}{(\Delta x)^2} & 0 & \cdots & 0 \\[2mm]
\dfrac{1}{(\Delta x)^2} & \dfrac{-2}{(\Delta x)^2} & \dfrac{1}{(\Delta x)^2} & \cdots & 0 \\[2mm]
\vdots & & & & \vdots \\[2mm]
0 & \cdots & 0 & \dfrac{1}{(\Delta x)^2} & \dfrac{-2}{(\Delta x)^2}
\end{pmatrix}
\begin{pmatrix}
u_1 \\ u_2 \\ \vdots \\ u_{N-1}
\end{pmatrix}
=
\begin{pmatrix}
f_1 - \dfrac{u_0}{(\Delta x)^2} \\[2mm]
f_2 \\ \vdots \\[2mm]
f_{N-1} - \dfrac{u_N}{(\Delta x)^2}
\end{pmatrix}
$$

$$(3.10)$$

这时，线性方程组对应的系数矩阵具有对称稀疏形式，如图3.4所示。

下面，我们按式(3.10)给出例3.1的 Matlab 计算程序，代码如下：

```matlab
% 差分法计算第一类边界条件下的一维泊松方程(系数矩阵对称)
clear all;
a = 1;
N = 20;
dx = a/N;
x  = 0:dx:a;
K = sparse(N-1, N-1);
P = sparse(N-1, 1);
u = zeros(N+1, 1);
% 边界条件
u(1)  = 0;
```

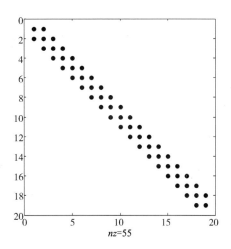

$nz=55$

图 3.4　一维泊松方程差分法计算形成的对称系数矩阵非零元素分布图

u(end) = 0;

% 差分法计算

aa(1:N-2) = 1/dx^2;

bb(1:N-1) = -2/dx^2;

cc(1:N-2) = 1/dx^2;

K = diag(bb, 0) + diag(aa, -1) + diag(cc, 1);

for j = 1:N-1

　P(j) = 1;

end

uu = K\P; %　线性方程组求解 - - 直接法

u(2:end-1) = uu;

% 解析解

u_ana = 0.5 * x^2 - 0.5 * x;

% 图示计算结果

plot(x, u, 'ro');

holdon

plot(x, u_ana)

gridon

xlabel('x');

ylabel('u');

legend('FDM solution', 'Analytical solution');

程序执行结果如图 3.5 所示。

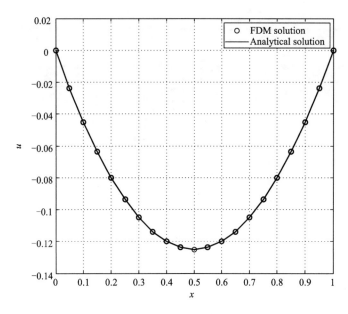

图 3.5 一维泊松方程差分法计算结果(系数矩阵对称情形)

3.2 二维稳定场方程的差分解法

为讨论简单起见,考虑定义于区域 $\Omega = \{0 \leqslant x \leqslant a, \, 0 \leqslant y \leqslant b\}$ 上的二维泊松方程:

$$\begin{cases} \dfrac{\partial^2 u}{\partial x^2} + \dfrac{\partial^2 u}{\partial y^2} = \varphi(x, \, y), \text{ in } \Omega \\ u(0, \, y) = f_1(y) \\ u(a, \, y) = f_2(y) \\ u(x, \, 0) = g_1(x) \\ u(x, \, b) = g_2(x) \end{cases} \qquad (3.11)$$

将求解区域进行矩形网格离散化(见图 3.6),则有

$$\begin{cases} x_i = i\Delta x, \, i = 0, \, 1, \, \cdots, \, N \\ y_j = j\Delta y, \, j = 0, \, 1, \, \cdots, \, M \end{cases}$$

式中: $\Delta x = \dfrac{a}{N}$, $\Delta y = \dfrac{b}{M}$。

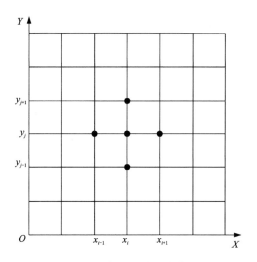

图 3.6　二维求解区域网格离散化

令

$$u_{i,j} = u(x_i, y_j), \ i = 0, 1, \cdots, N; \ j = 0, 1, \cdots, M$$

则

$$\left. \frac{\partial^2 u(x, y)}{\partial x^2} \right|_{\substack{x = x_i \\ y = y_j}} \approx \frac{u(x_i + \Delta x, y_j) - 2u(x_i, y_j) + u(x_i - \Delta x, y_j)}{(\Delta x)^2}$$

$$= \frac{u_{i+1, j} - 2u_{i, j} + u_{i-1, j}}{(\Delta x)^2} \qquad （二阶中心差商）$$

$$\left. \frac{\partial^2 u(x, y)}{\partial y^2} \right|_{\substack{x = x_i \\ y = y_j}} \approx \frac{u(x_i, y_j + \Delta y) - 2u(x_i, y_j) + u(x_i, y_j - \Delta y)}{(\Delta y)^2}$$

$$= \frac{u_{i, j+1} - 2u_{i, j} + u_{i, j-1}}{(\Delta y)^2} \qquad （二阶中心差商）$$

于是，定解问题(3.11)中的偏微分方程可化为差分方程

$$\frac{u_{i+1, j} - 2u_{i, j} + u_{i-1, j}}{(\Delta x)^2} + \frac{u_{i, j+1} - 2u_{i, j} + u_{i, j-1}}{(\Delta y)^2} = \varphi_{i, j} \qquad (3.12)$$

根据定解问题(3.11)中的边界条件，可得二维泊松方程的差分公式：

$$\begin{cases} \dfrac{u_{i+1,j} - 2u_{i,j} + u_{i-1,j}}{(\Delta x)^2} + \dfrac{u_{i,j+1} - 2u_{i,j} + u_{i,j-1}}{(\Delta y)^2} = \varphi_{i,j}, \\ \qquad (i = 1, 2 \cdots, N-1; j = 1, 2, \cdots, M-1) \\ u_{0,j} = f_1(j\Delta y) \ (j = 0, 1, \cdots, M) \\ u_{N,j} = f_2(j\Delta y) \\ u_{i,0} = g_1(i\Delta x) \ (i = 0, 1, \cdots, N) \\ u_{i,M} = g_2(i\Delta x) \end{cases} \tag{3.13}$$

当 $\Delta x = \Delta y = h$ 时，差分公式(3.13)可写为：

$$\begin{cases} u_{i+1,j} + u_{i,j+1} + u_{i-1,j} + u_{i,j-1} - 4u_{i,j} = h^2 \varphi_{i,j} \\ u_{0,j} = f_1(j\Delta y) \ (j = 0, 1, \cdots, M) \\ u_{N,j} = f_2(j\Delta y) \\ u_{i,0} = g_1(i\Delta x) \ (i = 0, 1, \cdots, N) \\ u_{i,M} = g_2(i\Delta x) \end{cases} \tag{3.14}$$

式(3.13)和式(3.14)都归结于线性方程组的求解。

为了写成线性方程组的形式，u 必须写成一维数组，需要将每个节点的 u 重新编号，可以按横向或纵向进行编号，如图 3.7 所示。

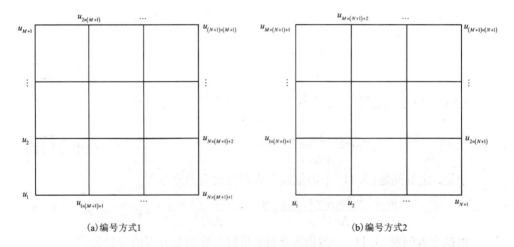

(a) 编号方式1　　　　　　　　　　　　　　(b) 编号方式2

图 3.7　网格离散后的节点编号

这时，我们把 u 改写成：

$$u = \begin{pmatrix} u_1 \\ u_2 \\ \vdots \\ u_{(i-1)\times(M+1)+j} \\ u_{(i-1)\times(M+1)+j+1} \\ \vdots \\ u_{(N+1)\times(M+1)-1} \\ u_{(N+1)\times(M+1)} \end{pmatrix} = \begin{pmatrix} u_{1,1} \\ u_{1,2} \\ \vdots \\ u_{i,j} \\ u_{i,j+1} \\ \vdots \\ u_{N+1,M} \\ u_{N+1,M+1} \end{pmatrix} (\text{编号方式 } 1) \tag{3.15}$$

或

$$u = \begin{pmatrix} u_1 \\ u_2 \\ \vdots \\ u_{(j-1)\times(N+1)+i} \\ u_{(j-1)\times(N+1)+i+1} \\ \vdots \\ u_{(M+1)\times(N+1)-1} \\ u_{(M+1)\times(N+1)} \end{pmatrix} = \begin{pmatrix} u_{1,1} \\ u_{2,1} \\ \vdots \\ u_{i,j} \\ u_{i+1,j} \\ \vdots \\ u_{N,M+1} \\ u_{N+1,M+1} \end{pmatrix} (\text{编号方式 } 2) \tag{3.16}$$

若 u 按 y 方向排序为一维数组，即按编号方式 1，对于任意节点 (i,j) 可以相应地改写为 $k = (i-1)\times(M+1)+j$。这时，定解问题 (3.11) 的微分方程转换为差分方程，可得：

$$\frac{u_{k+(M+1)}-2u_k+u_{k-(M+1)}}{(\Delta x)^2} + \frac{u_{k+1}-2u_k+u_{k-1}}{(\Delta y)^2} = \varphi_k \tag{3.17}$$

加入相应的边界条件，求解线性方程组即可得到定解问题 (3.11) 的差分解。这时，若边界条件采用强加的形式，则所得线性方程组的系数具有不对称形式，如图 3.8 所示。

例 3.2 编制程序实现下列二维泊松方程的差分近似解：

$$\begin{cases} \dfrac{\partial^2 u}{\partial x^2} + \dfrac{\partial^2 u}{\partial y^2} = (1-\pi^2)\mathrm{e}^x \sin(\pi y), & 0 < x < 2,\ 0 < y < 1 \\ u|_{x=0} = \sin(\pi y),\ u|_{x=2} = \mathrm{e}^2 \sin(\pi y), & 0 \leqslant y \leqslant 1 \\ u|_{y=0} = 0,\ u|_{y=1} = 0, & 0 \leqslant x \leqslant 2 \end{cases}$$

解 该泊松方程的解析解为 $u = \mathrm{e}^x \sin(\pi y)$。

取 $M = 20$ 和 $N = 40$，程序设计如下：

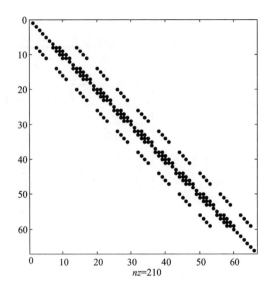

图3.8 二维泊松方程差分法计算形成的系数矩阵非零元素分布图

```
% 有限差分法计算第一类边界条件下的二维泊松方程
clear all;
a = 2;
b = 1;
N = 40;
M = 20;
dx = a/N;
dy = b/M;
x = 0:dx:a;
y = 0:dy:b;
L = sparse((N+1)*(M+1),(N+1)*(M+1));
R = zeros((N+1)*(M+1),1);
% 差分方程组形成
for i = 1:1:M+1
for j = 1:1:N+1
  k = (j-1)*(M+1)+i;
  if (i==1 || i==M+1) % y 边界条件
    L(k,k) = 1;
    R(k,1) = 0;
  elseif (j==1)     % x 边界条件
```

```
    L(k,k) = 1;
    R(k,1) = sin(pi * y(i));
  elseif (j == N+1)    % x 边界条件
    L(k,k) = 1;
    R(k,1) = exp(2) * sin(pi * y(i));
  else
    L(k,k-(M+1)) = 1/dx^2;
    L(k,k-1  ) = 1/dy^2;
    L(k,k    ) = -2/dx^2 -2/dy^2;
    L(k,k+1  ) = 1/dy^2;
    L(k,k+(M+1)) = 1/dx^2;
    R(k,   1) = (1 - pi * pi) * exp(x(j)) * sin(pi * y(i));
  end
end
end
% 线性方程组求解 - - 直接法
u = L\R;
u = reshape(u,M+1,N+1);
% 解析解
[X,Y] = meshgrid(x,y);
u_ana = exp(X). * sin(pi * Y);
% 图示计算结果
subplot(121)
surf(x,y,u);
colorbar;
title('差分解');
xlabel('x');
ylabel('y');
zlabel('u(x,y)');
subplot(122)
surf(x,y,u_ana);
colorbar;
title('解析解');
xlabel('x');
ylabel('y');
zlabel('u(x,y)');
```

程序执行结果如图 3.9 所示。

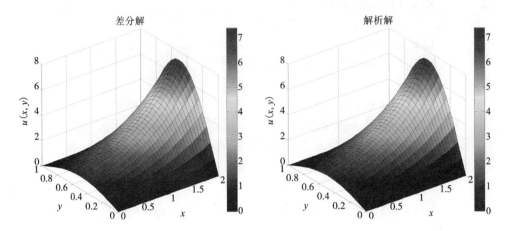

图 3.9 二维泊松方程的差分法计算结果

类似于一维泊松方程，若第一类边界条件不采用强加的形式，内部节点进行微分方程转差分方程，导出的线性方程组为

$$\boldsymbol{Ku} = \boldsymbol{F} \tag{3.18}$$

这里，$\boldsymbol{u}$ 为一维向量；$\boldsymbol{F}$ 是由边界条件确定的一维向量；系数矩阵 $\boldsymbol{K}$ 的表达式如下：

$$\boldsymbol{K} = \begin{bmatrix} A & B & 0 & \cdots & 0 \\ B & A & B & \ddots & \vdots \\ 0 & \ddots & \ddots & \ddots & 0 \\ \vdots & \ddots & B & A & B \\ 0 & \cdots & 0 & B & A \end{bmatrix} = \boldsymbol{I}_x \otimes \boldsymbol{A} + \boldsymbol{B} \otimes \boldsymbol{I}_y \tag{3.19}$$

式中：$\boldsymbol{I}_x$ 和 $\boldsymbol{I}_y$ 分别为 $N-1$ 阶与 $M-1$ 阶单位矩阵；$\otimes$ 为 Kronecker 积，见附录；矩阵 $\boldsymbol{A}$ 和 $\boldsymbol{B}$ 分别为

$$\boldsymbol{A} = \begin{bmatrix} -\dfrac{2}{\Delta x^2} - \dfrac{2}{\Delta y^2} & \dfrac{1}{\Delta y^2} & 0 & \cdots & 0 \\ \dfrac{1}{\Delta y^2} & -\dfrac{2}{\Delta x^2} - \dfrac{2}{\Delta y^2} & \dfrac{1}{\Delta y^2} & \ddots & \vdots \\ 0 & \ddots & \ddots & \ddots & 0 \\ \vdots & \ddots & \dfrac{1}{\Delta y^2} & -\dfrac{2}{\Delta x^2} - \dfrac{2}{\Delta y^2} & \dfrac{1}{\Delta y^2} \\ 0 & \cdots & 0 & \dfrac{1}{\Delta y^2} & -\dfrac{2}{\Delta x^2} - \dfrac{2}{\Delta y^2} \end{bmatrix}_{(N-1) \times (N-1)}$$

$$\boldsymbol{B} = \begin{bmatrix} \dfrac{1}{\Delta x^2} & & & \\ & \dfrac{1}{\Delta x^2} & & \\ & & \ddots & \\ & & & \dfrac{1}{\Delta x^2} \end{bmatrix}_{(M-1)\times(M-1)}$$

这种处理方式所得线性方程组的系数具有对称形式，如图 3.10 所示。

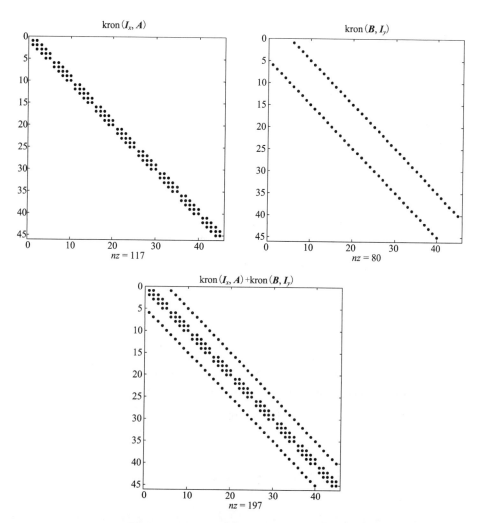

图 3.10　二维泊松方程差分法计算形成的对称系数矩阵非零元素分布图

下面，我们按线性方程组系数矩阵的对称情形，给出例3.2的Matlab计算程序，代码如下：

```
% 有限差分法计算第一类边界条件下的二维泊松方程(系数矩阵对称情形)
clear all;
a = 2;
b = 1;
N = 40;
M = 20;
dx = a/N;
dy = b/M;
x = 0:dx:a;
y = 0:dy:b;
L = sparse((N-1)*(M-1),(N-1)*(M-1));
R = zeros((N-1)*(M-1),1);
% 差分方程组形成
Ix = speye(N-1); Iy = speye(M-1);
aa(1:M-1-1) = 1/dy^2;
bb(1:M-1) = -2/dy^2-2/dx^2;
A = diag(bb,0) + diag(aa,-1) + diag(aa,1);
e = ones(N-1)/dx^2;
B = spdiags([e e],[-1 1],N-1,N-1);
L = kron(Ix,A) + kron(B,Iy);
for i = 1:M-1
  for j = 1:N-1
    k = (j-1)*(M-1)+i;
    R(k,1) = (1-pi*pi)*exp(x(j+1))*sin(pi*y(i+1));
    if (i==1||i==M-1)
      R(k,1) = R(k,1) - (0*(1/dy^2));
    end
    if (j==1)
      R(k,1) = R(k,1) - (sin(pi*y(i+1))*(1/dx^2));
    end
    if (j==N-1)
      R(k,1) = R(k,1) - (exp(2)*sin(pi*y(i+1))*(1/dx^2));
    end
```

```
        end
    end
    uu = L\R;
    uu = reshape(uu, M - 1, N - 1);
    u = zeros((M + 1),(N + 1));
    u(:,1) = sin(pi * y);
    u(:,N + 1) = exp(2) * sin(pi * y);
    for i = 1:1:M + 1
        if (i == 1 || i == M + 1)
            u(i,:) = zeros(1, N + 1);
        end
    end
    u(2:M,2:N) = uu;
    % 解析解
    [X,Y] = meshgrid(x,y);
    u_ana = exp(X).* sin(pi * Y);
    % 图示计算结果
    subplot(121)
    surf(x,y,u);
    colorbar;
    title('差分解');
    xlabel('x');
    ylabel('y');
    zlabel('u(x,y)');
    subplot(122)
    surf(x,y,u_ana);
    colorbar;
    title('解析解');
    xlabel('x');
    ylabel('y');
    zlabel('u(x,y)');
```

程序执行结果如图 3.11 所示。

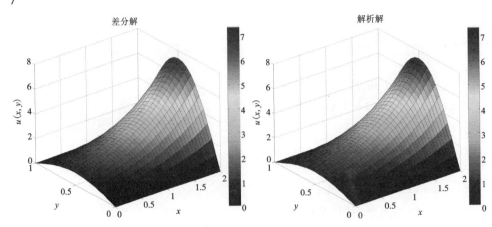

图 3.11　二维泊松方程差分法计算结果（系数矩阵对称情形）

3.3　三维稳定场方程的差分解法

　　为讨论简单起见，考虑定义于区域 $D = \{0 \leqslant x \leqslant a,\ 0 \leqslant y \leqslant b,\ 0 \leqslant y \leqslant c\}$ 上的二维泊松方程：

$$\begin{cases} \dfrac{\partial^2 u}{\partial x^2} + \dfrac{\partial^2 u}{\partial y^2} + \dfrac{\partial^2 u}{\partial z^2} = \varphi(x,\ y,\ z),\ \text{in } D \\ u(0,\ y,\ z) = f_1(y,\ z),\ u(a,\ y,\ z) = f_2(y,\ z) \\ u(x,\ 0,\ z) = g_1(x,\ z),\ u(x,\ b,\ z) = g_2(x,\ z) \\ u(x,\ y,\ 0) = h_1(x,\ y),\ u(x,\ y,\ c) = h_2(x,\ y) \end{cases} \quad (3.20)$$

将求解区域进行六面体网格离散化（见图 3.12），则有

$$\begin{cases} x_i = i\Delta x,\ i = 0,\ 1,\ \cdots,\ N_x \\ y_j = j\Delta y,\ j = 0,\ 1,\ \cdots,\ N_y \\ z_k = k\Delta z,\ k = 0,\ 1,\ \cdots,\ N_z \end{cases}$$

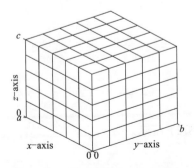

图 3.12　三维求解区域网格离散化

式中：$\Delta x = \dfrac{a}{N_x}$，$\Delta y = \dfrac{b}{N_y}$ 和 $\Delta z = \dfrac{c}{N_z}$。令

$$u_{i,j,k} = u(x_i, y_j, z_k)，\ i = 0, 1, \cdots, N_x;\ j = 0, 1, \cdots, N_y;\ k = 0, 1, \cdots, N_z$$

则

$$\left.\frac{\partial^2 u(x, y, z)}{\partial x^2}\right|_{\substack{x=x_i\\y=y_j\\z=z_k}} \approx \frac{u(x_i + \Delta x, y_j, z_k) - 2u(x_i, y_j, z_k) + u(x_i - \Delta x, y_j, z_k)}{(\Delta x)^2}$$

$$= \frac{u_{i+1,j,k} - 2u_{i,j,k} + u_{i-1,j,k}}{(\Delta x)^2}$$

$$\left.\frac{\partial^2 u(x, y, z)}{\partial y^2}\right|_{\substack{x=x_i\\y=y_j\\z=z_k}} \approx \frac{u(x_i, y_j + \Delta y, z_k) - 2u(x_i, y_j, z_k) + u(x_i, y_j - \Delta y, z_k)}{(\Delta y)^2}$$

$$= \frac{u_{i,j+1,k} - 2u_{i,j,k} + u_{i,j-1,k}}{(\Delta y)^2}$$

$$\left.\frac{\partial^2 u(x, y, z)}{\partial z^2}\right|_{\substack{x=x_i\\y=y_j\\z=z_k}} \approx \frac{u(x_i, y_j, z_k + \Delta z) - 2u(x_i, y_j, z_k) + u(x_i, y_j, z_k - \Delta z)}{(\Delta z)^2}$$

$$= \frac{u_{i,j,k+1} - 2u_{i,j,k} + u_{i,j,k-1}}{(\Delta z)^2}$$

于是，定解问题(3.20)中的偏微分方程可化为差分方程

$$\frac{u_{i+1,j,k} - 2u_{i,j,k} + u_{i-1,j,k}}{(\Delta x)^2} + \frac{u_{i,j+1,k} - 2u_{i,j,k} + u_{i,j-1,k}}{(\Delta y)^2} + \tag{3.21}$$

$$\frac{u_{i,j,k+1} - 2u_{i,j,k} + u_{i,j,k-1}}{(\Delta z)^2} = \varphi_{i,j,k}$$

根据定解问题(3.12)中的边界条件，可得三维泊松方程的差分公式：

$$\begin{cases} \dfrac{u_{i+1,j,k} - 2u_{i,j,k} + u_{i-1,j,k}}{(\Delta x)^2} + \dfrac{u_{i,j+1,k} - 2u_{i,j,k} + u_{i,j-1,k}}{(\Delta y)^2} + \\[2mm] \dfrac{u_{i,j,k+1} - 2u_{i,j,k} + u_{i,j,k-1}}{(\Delta z)^2} = \varphi_{i,j,k} \\[2mm] (i = 1, 2, \cdots, N_x - 1;\ j = 1, 2, \cdots, N_y - 1;\ k = 1, 2, \cdots, N_z - 1) \\[1mm] u_{0,j,k} = f_1(j\Delta y, k\Delta z)\ (j = 0, 1, \cdots, N_y;\ k = 0, 1, \cdots, N_z) \\[1mm] u_{N_x,j,k} = f_2(j\Delta y, k\Delta z) \\[1mm] u_{i,0,k} = g_1(i\Delta x, k\Delta z)\ (i = 0, 1, \cdots, N_x;\ k = 0, 1, \cdots, N_z) \\[1mm] u_{i,N_y,k} = g_2(i\Delta x, k\Delta z) \\[1mm] u_{i,j,0} = h_1(i\Delta x, j\Delta y)\ (i = 0, 1, \cdots, N_x;\ j = 0, 1, \cdots, N_y) \\[1mm] u_{i,j,N_z} = h_2(i\Delta x, j\Delta y) \end{cases} \tag{3.22}$$

式(3.22)归结于线性方程组的求解。为了写成线性方程组的形式，类似于二维泊松方程的求解，我们需要将 u 写成一维数组的形式，即将每个节点的 u 重新编号。

例 3.3 编制程序实现下列三维泊松方程的差分近似解：

$$\begin{cases} \dfrac{\partial^2 u}{\partial x^2} + \dfrac{\partial^2 u}{\partial y^2} + \dfrac{\partial^2 u}{\partial z^2} = -3\pi^2 \sin(\pi x)\sin(\pi y)\sin(\pi z),\ 0<x,\ y,\ z<1 \\ u\big|_{x=0}=0,\ u\big|_{x=1}=0,\ 0\leqslant y\leqslant 1,\ 0\leqslant z\leqslant 1 \\ u\big|_{y=0}=0,\ u\big|_{y=1}=0,\ 0\leqslant z\leqslant 1,\ 0\leqslant z\leqslant 1 \\ u\big|_{z=0}=0,\ u\big|_{z=1}=0,\ 0\leqslant x\leqslant 1,\ 0\leqslant y\leqslant 1 \end{cases}$$

解 该三维泊松方程的解析解为 $u(x,\ y,\ z)=\sin(\pi x)\sin(\pi y)\sin(\pi z)$。取剖分网格数 $Nx=Ny=Nz=20$，利用差分法计算的 Matlab 代码如下：

```
% 有限差分法计算第一类边界条件下的三维泊松方程
clear all;
a = 1;
b = 1;
c = 1;
Nx = 20;
Ny = 20;
Nz = 20;
dx = a/Nx;
dy = b/Ny;
dz = c/Nz;
x = 0:dx:a;
y = 0:dy:b;
z = 0:dz:c;
L = sparse((Nx+1)*(Ny+1)*(Nz+1),(Nx+1)*(Ny+1)*(Nz+1));
R = sparse((Nx+1)*(Ny+1)*(Nz+1),1);
% 差分方程组形成
for i = 1:Nx+1
  for j = 1:Ny+1
    for k = 1:Nz+1
      h = (k-1)*(Nx+1)*(Ny+1)+(j-1)*(Nx+1)+i;
      if(i==1||i==Nx+1||j==1||j==Ny+1||k==1||k==Nz+1)% 边界条件
        L(h,h) = 1;
        R(h,1) = 0;
```

```
    else % 内部节点
      L(h,h  ) = -2/dx^2 -2/dy^2 -2/dz^2;
      L(h,h +1 ) = 1/dx^2;
      L(h,h -1 ) = 1/dx^2;
      L(h,h +(Nx +1)) = 1/dy^2;
      L(h,h -(Nx +1)) = 1/dy^2;
      L(h,h +(Nx +1)*(Ny +1)) = 1/dz^2;
      L(h,h -(Nx +1)*(Ny +1)) = 1/dz^2;
      R(h,1) = -3*pi*pi*sin(pi*x(i))*sin(pi*y(j))*sin(pi*z(k));
    end
  end
 end
end
u = L\R; % 线性方程组求解 - - 直接法
% 将数值解转换为三维数组
for k = 1:Nz +1
  uu = u((k -1)*((Ny +1)*(Nx +1)) +1:k*((Ny +1)*(Nx +1)));
  u_num(:,:,k) = reshape(full(uu),Nx +1,Ny +1);
end
% 解析解
[Y,X,Z] = meshgrid(y,x,z);
u_ana = sin(pi*Y).*sin(pi*X).*sin(pi*Z);
% 图示计算结果
subplot(121)
slice(Y,X,Z,u_num,[0.5],[0.5],[]);
colorbar
xlabel('y - axis')
ylabel('x - axis')
zlabel('z - axis')
title('差分解')
subplot(122)
slice(Y,X,Z,u_ana,[0.5],[0.5],[]);
colorbar
xlabel('y - axis')
ylabel('x - axis')
```

zlabel('z – axis')

title('解析解')

程序执行结果如图 3.13 所示。

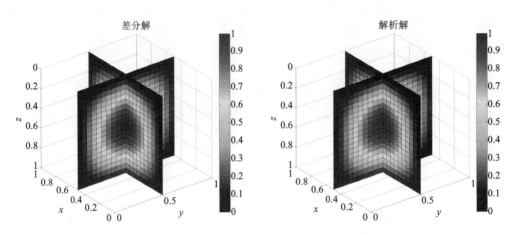

图 3.13　三维泊松方程差分法计算结果

3.4　边界条件的处理

前面内容已涉及到第一类边界条件，即 Dirichlet 边界条件，接下来我们讨论 Neumann 边界与 Robin 边界的处理方法。

3.4.1　Neumann 边界条件

在 Neumann 边界条件下，考虑如下二维泊松方程的边值问题：

$$\begin{cases} \dfrac{\partial^2 u}{\partial x^2} + \dfrac{\partial^2 u}{\partial y^2} = f(x, y), \ a < x < b, \ c < y < d \\[2mm] \left.\dfrac{\partial u}{\partial x}\right|_{x=a} = \varphi_1(y), \ \left.\dfrac{\partial u}{\partial x}\right|_{x=b} = \varphi_2(y) \\[2mm] \left.\dfrac{\partial u}{\partial y}\right|_{y=c} = \phi_1(x), \ \left.\dfrac{\partial u}{\partial y}\right|_{y=d} = \phi_2(x) \end{cases} \tag{3.23}$$

式中：$f(x, y)$ 为已知函数，$u(x, y)$ 为待求函数。

采用有限差分法求解，需要将计算区域按图 3.6 所示的矩形网格进行离散化。由于定解问题(3.23)的边界条件为 Neumann 边界条件（第二类边界条件），我们可以采用差分法近似处理。利用向前差商逼近 $\left.\dfrac{\partial u}{\partial x}\right|_{x=a}$ 和 $\left.\dfrac{\partial u}{\partial y}\right|_{y=c}$，而利用向后

差商来逼近 $\dfrac{\partial u}{\partial x}\Big|_{x=b}$ 和 $\dfrac{\partial u}{\partial y}\Big|_{y=d}$，这样我们得出式(3.23)的边界条件处理形式：

$$\begin{cases} \dfrac{u_{1,j}-u_{0,j}}{\Delta x}=\varphi_1(y_j) \\[2mm] \dfrac{u_{N,j}-u_{N-1,j}}{\Delta x}=\varphi_2(y_j) \\[2mm] \dfrac{u_{i,1}-u_{i,0}}{\Delta y}=\phi_1(x_i) \\[2mm] \dfrac{u_{i,M}-u_{i,M-1}}{\Delta y}=\phi_2(x_i) \end{cases} \tag{3.24}$$

容易看出，这样的边界条件处理形式是一阶精度的。

例 3.4　编制程序实现 Neumann 条件下二维泊松方程的差分近似解：

$$\begin{cases} \dfrac{\partial^2 u}{\partial x^2}+\dfrac{\partial^2 u}{\partial y^2}=-13\pi^2\sin\left(3\pi x+\dfrac{\pi}{4}\right)\sin\left(2\pi y+\dfrac{\pi}{4}\right),\ 0<x<1,\ 0<y<1 \\[3mm] \dfrac{\partial u}{\partial x}\Big|_{x=0}=3\pi\cos\left(\dfrac{\pi}{4}\right)\sin\left(2\pi y+\dfrac{\pi}{4}\right) \\[3mm] \dfrac{\partial u}{\partial x}\Big|_{x=1}=-3\pi\cos\left(\dfrac{\pi}{4}\right)\sin\left(2\pi y+\dfrac{\pi}{4}\right) \\[3mm] u\big|_{y=0}=\sin\left(\dfrac{\pi}{4}\right)\sin\left(3\pi x+\dfrac{\pi}{4}\right) \\[3mm] u\big|_{y=1}=\sin\left(\dfrac{\pi}{4}\right)\sin\left(3\pi x+\dfrac{\pi}{4}\right) \end{cases}$$

解　该二维泊松方程的解析解为 $u(x,y)=\sin\left(3\pi x+\dfrac{\pi}{4}\right)\sin\left(2\pi y+\dfrac{\pi}{4}\right)$。

取剖分网格数 $N=M=40$，下面给出利用差分法近似计算的 Matlab 程序代码：

```
% 有限差分法计算第二类边界条件下的二维泊松方程
clear all;
a  =  0;
b  =  1;
c  =  0;
d  =  1;
N = 40;
M = 40;
dx = (b-a)/N;
dy = (d-c)/M;
```

```
x = a:dx:b;
y = c:dy:d;
L = sparse((N+1)*(M+1),(N+1)*(M+1));
R = sparse((N+1)*(M+1),1);
% 差分方程组形成
for i = 1:1:M+1
for j = 1:1:N+1
  k = (j-1)*(M+1)+i;
  if (i==1||i==M+1)         % y 边界条件
    L(k,k) = 1;
    R(k,1) = sin(pi/4)*sin(3*pi*x(j)+pi/4);
  elseif (j==1&&i>1&&i<M+1)    % x 左边界条件 - -向前差商处理
    L(k,k) = -1; L(k,k+(M+1)) = 1;
    R(k,1) = dx*3*pi*cos(pi/4)*sin(2*pi*y(i)+pi/4);
  clscif (j==N+1&&i>1&&i<M+1)     % x 右边界条件 - -向后差商处理
    L(k,k) = 1; L(k,k-(M+1)) = -1;
    R(k,1) = -dx*3*pi*cos(pi/4)*sin(2*pi*y(i)+pi/4);
  else
    L(k,k-(M+1)) = 1/dx^2;
    L(k,k-1 ) = 1/dy^2;
    L(k,k   ) = -2/dx^2-2/dy^2;
    L(k,k+1 ) = 1/dy^2;
    L(k,k+(M+1)) = 1/dx^2;
    R(k, 1) = -13*pi*pi*sin(3*pi*x(j)+pi/4)*sin(2*pi*y(i)+pi/4);
  end
end
end
% 线性方程组求解 - -直接法
u = L\R;
u = reshape(u,M+1,N+1);
% 解析解
[X,Y] = meshgrid(x,y);
u_ana = sin(3*pi*X+pi/4).*sin(2*pi*Y+pi/4);
% 图示计算结果
subplot(121)
```

```
surf(x,y,u);
colorbar;
title('差分解');
xlabel('x');
ylabel('y');
zlabel('u(x,y)');
subplot(122)
surf(x,y,u_ana);
colorbar;
title('解析解');
xlabel('x');
ylabel('y');
zlabel('u(x,y)');
```

程序执行结果如图 3.14 所示。

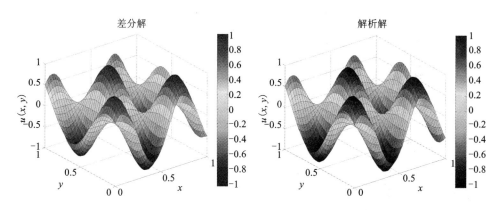

图 3.14　Neumann 边界条件下二维泊松方程差分法计算结果

3.4.2　Robin 边界条件

在 Robin 边界条件下，我们考虑如下二维泊松方程的边值问题：

$$
\begin{cases}
\dfrac{\partial^2 u}{\partial x^2} + \dfrac{\partial^2 u}{\partial y^2} = f(x,\ y),\ a < x < b,\ c < y < d \\[2mm]
\left(\dfrac{\partial u}{\partial x} + k_1 u\right)\bigg|_{x=a} = \varphi_1(y),\ \left(\dfrac{\partial u}{\partial x} + k_2 u\right)\bigg|_{x=b} = \varphi_2(y) \\[2mm]
\left(\dfrac{\partial u}{\partial y} + k_3 u\right)\bigg|_{y=c} = \phi_1(x),\ \left(\dfrac{\partial u}{\partial y} + k_3 u\right)\bigg|_{y=d} = \phi_2(x)
\end{cases}
\tag{3.25}
$$

式中：$f(x,y)$为已知函数，$u(x,y)$为待求函数。

采用有限差分法求解，需要将计算区域按图 3.6 所示的矩形网格进行离散化。由于定解问题(3.25)的边界条件为 Robin 边界条件(第三类边界条件)，我们可以采用差分法近似处理。利用向前差商逼近$\left.\dfrac{\partial u}{\partial x}\right|_{x=a}$和$\left.\dfrac{\partial u}{\partial y}\right|_{y=c}$，而利用向后差商来逼近$\left.\dfrac{\partial u}{\partial x}\right|_{x=b}$和$\left.\dfrac{\partial u}{\partial y}\right|_{y=d}$，这样我们得出式(3.25)的边界条件处理形式：

$$\begin{cases} \dfrac{u_{1,j}-u_{0,j}}{\Delta x}+k_1 u_{0,j}=\varphi_1(y_j) \\[2mm] \dfrac{u_{N,j}-u_{N-1,j}}{\Delta x}+k_2 u_{N,j}=\varphi_2(y_j) \\[2mm] \dfrac{u_{i,1}-u_{i,0}}{\Delta y}+k_3 u_{i,0}=\phi_1(x_i) \\[2mm] \dfrac{u_{i,M}-u_{i,M-1}}{\Delta y}+k_4 u_{i,M}=\phi_2(x_i) \end{cases} \qquad (3.26)$$

容易看出，这样的边界条件处理形式是一阶精度的。

例 3.5 编制程序实现 Robin 条件下二维泊松方程的差分近似解：

$$\begin{cases} \dfrac{\partial^2 u}{\partial x^2}+\dfrac{\partial^2 u}{\partial y^2}=\sin[(x+5)(y+2)], \quad -2<x<2, \quad -2<y<2 \\[2mm] \left(\dfrac{\partial u}{\partial x}+10u\right)\Big|_{x=-2}=10, \left(\dfrac{\partial u}{\partial x}+10u\right)\Big|_{x=2}=10 \\[2mm] \left(\dfrac{\partial u}{\partial y}+10u\right)\Big|_{y=-2}=10, \left(\dfrac{\partial u}{\partial y}+10u\right)\Big|_{y=2}=10 \end{cases}$$

解 取网格剖分数 $N=M=40$，下面给出利用有限差分法近似计算的 Matlab 程序代码：

```
% 有限差分法计算第三类边界条件下的二维泊松方程
clear all;
a = -2;
b = 2;
c = -2;
d = 2;
N = 30;
M = 30;
dx = (b-a)/N;
dy = (d-c)/M;
x = a:dx:b;
```

```
y = c:dy:d;
L = sparse((N+1)*(M+1),(N+1)*(M+1));
R = sparse((N+1)*(M+1),1);
% 差分方程组形成
for i=1:1:M+1
for j=1:1:N+1
  k=(j-1)*(M+1)+i;
  if (i==1)                 % y 下边界条件－－向前差商处理
    L(k,k) = -1/dy+10; L(k,k+1) =1/dy;
    R(k,1) = 10;
  elseif (i==M+1)              % y 上边界条件－－向后差商处理
    L(k,k) =1/dy+10; L(k,k-1) = -1/dy;
    R(k,1) = 10;
  elseif (j==1&&i>1&&i<M+1)    % x 左边界条件－－向前差商处理
    L(k,k) = -1/dx+10; L(k,k+(M+1)) =1/dx;
    R(k,1) = 10;
  elseif (j==N+1&&i>1&&i<M+1)    % x 右边界条件－－向后差商处理
    L(k,k) =1/dx+10; L(k,k-(M+1)) = -1/dx;
    R(k,1) = 10;
  else
    L(k,k-(M+1)) = 1/dx^2;
    L(k,k-1 ) = 1/dy^2;
    L(k,k   ) = -2/dx^2-2/dy^2;
    L(k,k+1 ) = 1/dy^2;
    L(k,k+(M+1)) = 1/dx^2;
    R(k,  1) = sin((x(j)+5)*(y(i)+2));
  end
end
end
% 线性方程组求解－－直接法
u = L\R;
u = reshape(u,M+1,N+1);
% 图示计算结果
surf(x,y,u);
colorbar;
```

title('差分解');
xlabel('x');
ylabel('y');
zlabel('u(x,y)');
程序执行结果如图 3.15 所示。

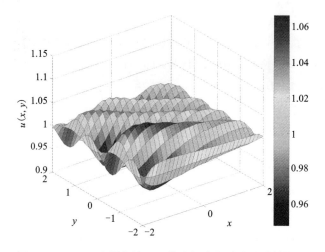

图 3.15　**Robin** 边界条件下二维泊松方程差分法计算结果

第 4 章　热传导方程的有限差分法

热传导方程是一类重要的偏微分方程，也是最简单的一种抛物型方程，它描述一个区域内的温度如何随时间变化。本章主要讨论有限差分法求解热传导方程的定解问题，包括一维和二维热传导方程的显式差分解法和隐式差分解法。

4.1　一维热传导方程的差分解法

4.1.1　一维显式差分格式

考虑一维热传导方程的定解问题：

$$\begin{cases} \dfrac{\partial u}{\partial t} = c^2 \dfrac{\partial^2 u}{\partial x^2}, & 0 < x < L,\, 0 < t < T \\ u(0,\, t) = g_1(t),\ u(L,\, t) = g_2(t), & t \geqslant 0 \\ u(x,\, 0) = \varphi(x), & 0 \leqslant x \leqslant L \end{cases} \tag{4.1}$$

式中：c^2 为正常数。

首先将求解区域进行矩形网格离散化（见图 4.1），则有

$$\begin{cases} x_i = i\Delta x,\ i = 0,\, 1,\, \cdots,\, N \\ t_k = k\Delta t,\ k = 0,\, 1,\, \cdots,\, M \end{cases}$$

式中：$\Delta x = \dfrac{L}{N}$，$\Delta t = \dfrac{T}{M}$。

令

$$u_{i,\,k} = u(x_i,\, t_k),\ i = 0,\, 1,\, \cdots,\, N;\ k = 0,\, 1,\, \cdots,\, M$$

则

$$\left. \frac{\partial u(x,\, t)}{\partial t} \right|_{\substack{x=x_i \\ t=t_k}} \approx \frac{u(x_i,\, t_k + \Delta t) - u(x_i,\, t_k)}{\Delta t} = \frac{u_{i,\,k+1} - u_{i,\,k}}{\Delta t} \quad \text{（一阶向前差商）}$$

$$\left. \frac{\partial^2 u(x,\, t)}{\partial x^2} \right|_{\substack{x=x_i \\ t=t_k}} \approx \frac{u(x_i + \Delta x,\, t_k) - 2u(x_i,\, t_k) + u(x_i - \Delta x,\, t_k)}{(\Delta x)^2}$$

$$= \frac{u_{i+1,\,k} - 2u_{i,\,k} + u_{i-1,\,k}}{(\Delta x)^2} \quad \text{（二阶中心差商）}$$

于是，定解问题（4.1）中的微分方程可化为差分方程

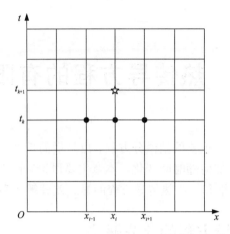

图 4.1 一维热传导方程显式差分求解的网格离散化及结点图

$$\frac{u_{i,\,k+1} - u_{i,\,k}}{\Delta t} = c^2 \frac{u_{i+1,\,k} - 2u_{i,\,k} + u_{i-1,\,k}}{(\Delta x)^2}$$

若取 $\alpha = \dfrac{c^2 \Delta t}{(\Delta x)^2}$，整理后可得

$$u_{i,\,k+1} = \alpha u_{i+1,\,k} + (1 - 2\alpha) u_{i,\,k} + \alpha u_{i-1,\,k} \tag{4.2}$$

根据定解问题(4.1)中的初始条件和边界条件，可得一维热传导方程的差分递推公式

$$\begin{cases} u_{i,\,k+1} = \alpha u_{i+1,\,k} + (1 - 2\alpha) u_{i,\,k} + \alpha u_{i-1,\,k} \\ u_{i,\,0} = \varphi(i\Delta x) \quad (i = 0,\,1,\,\cdots,\,N) \\ u_{0,\,k} = g_1(k\Delta t) \quad (k = 0,\,1,\,\cdots,\,M) \\ u_{N,\,k} = g_2(k\Delta t) \end{cases} \tag{4.3}$$

可以清楚地看到，根据初始条件与边界条件，差分方程(4.3)可按 t 增加的方向逐排求解。如果一个差分格式，其每一排各节点上的数值可直接由前面各排节点的数值计算得到，则称为**显式差分格式**(explicit scheme)。很明显，式(4.3)是一种显式差分格式。

现在我们要问这种差分格式是否收敛？即当 $\Delta t \rightarrow 0$，$\Delta x \rightarrow 0$ 时差分方程(4.3)的解是否收敛于初边值问题(4.1)的解？下面给出两个定理：

定理 4.1 假设初边值问题(4.1)的解 $u(x,\,t)$ 在区域 $\Omega \{ 0 \leqslant x \leqslant L,\ 0 \leqslant t \leqslant T \}$ 上存在、连续，且具有连续的偏导数 $\dfrac{\partial^2 u}{\partial t^2}$，$\dfrac{\partial^4 u}{\partial t^4}$，则当

$$\alpha = \frac{c^2 \Delta t}{(\Delta x)^2} \leqslant \frac{1}{2}$$

时,差分方程(4.2)的解收敛于原初边值问题(4.1)的解。

定理4.2 当 $\alpha = \dfrac{c^2 \Delta t}{(\Delta x)^2} \leqslant \dfrac{1}{2}$ 时,热传导方程初边值问题(4.1)的显式差分格式(4.3)是稳定的。

定理的证明从略。

例4.1 利用显式有限差分计算下列一维热传导问题的近似解

$$\begin{cases} \dfrac{\partial u}{\partial t} = 0.04 \dfrac{\partial^2 u}{\partial x^2}, & 0 < x < 1,\ 0 < t < 11 \\ u\big|_{x=0} = 1+t,\ u\big|_{x=1} = 1+t, & t \geqslant 0 \\ u\big|_{t=0} = 1, & 0 \leqslant x \leqslant 1 \end{cases}$$

要求:$\Delta x = 0.2$,分别取 $M = 44$,$\Delta t = 0.25$ 和 $M = 11$,$\Delta t = 1$。

解 取 $\Delta x = 0.2$,根据式(4.3)可得

$$u_{i,0} = 1,\ i = 0, 1, 2, 3, 4, 5$$

当 $k = 0, 1, \cdots, M$ 时,有

$$u_{0,k} = g_1(k\Delta t) = 1 + k\Delta t,\ u_{N,k} = g_2(k\Delta t) = 1 + k\Delta t$$

$$u_{i,k+1} = \alpha u_{i+1,k} + (1-2\alpha)u_{i,k} + \alpha u_{i-1,k},\ i = 0, 1, 2, 3, 4, 5$$

(1)当 $M = 44$,$\Delta t = 0.25$,$\alpha = \dfrac{c^2 \Delta t}{(\Delta x)^2} = \dfrac{1}{4}$ 时,计算结果见表4.1。

表4.1 $\alpha = 1/4$ 时的计算结果

$u^{(k)}$＼x_i ＼ t_k	0	0.2	0.4	0.6	0.8	1
0.000	1.000	1.000	1.000	1.000	1.000	1.000
0.250	1.250	1.000	1.000	1.000	1.000	1.250
0.500	1.500	1.063	1.000	1.000	1.063	1.500
0.750	1.750	1.156	1.016	1.016	1.156	1.750
1.000	2.000	1.270	1.051	1.051	1.270	2.000
1.250	2.250	1.397	1.105	1.105	1.397	2.250
1.500	2.500	1.538	1.178	1.178	1.538	2.500
1.750	2.750	1.688	1.268	1.268	1.688	2.750
2.000	3.000	1.849	1.373	1.373	1.849	3.000
2.250	3.250	2.018	1.492	1.492	2.018	3.250
2.500	3.500	2.194	1.624	1.624	2.194	3.500
2.750	3.750	2.378	1.766	1.766	2.378	3.750
3.000	4.000	2.568	1.919	1.919	2.568	4.000

续表4.1

t_k \ $u^{(k)}$ \ x_i	0	0.2	0.4	0.6	0.8	1
3.250	4.250	2.764	2.081	2.081	2.764	4.250
3.500	4.500	2.965	2.252	2.252	2.965	4.500
3.750	4.750	3.170	2.430	2.430	3.170	4.750
4.000	5.000	3.380	2.615	2.615	3.380	5.000
4.250	5.250	3.594	2.807	2.807	3.594	5.250
4.500	5.500	3.811	3.003	3.003	3.811	5.500
4.750	5.750	4.031	3.205	3.205	4.031	5.750
5.000	6.000	4.255	3.412	3.412	4.255	6.000
5.250	6.250	4.480	3.623	3.623	4.480	6.250
5.500	6.500	4.708	3.837	3.837	4.708	6.500
5.750	6.750	4.938	4.055	4.055	4.938	6.750
6.000	7.000	5.170	4.276	4.276	5.170	7.000
6.250	7.250	5.404	4.499	4.499	5.404	7.250
6.500	7.500	5.639	4.726	4.726	5.639	7.500
6.750	7.750	5.876	4.954	4.954	5.876	7.750
7.000	8.000	6.114	5.185	5.185	6.114	8.000
7.250	8.250	6.353	5.417	5.417	6.353	8.250
7.500	8.500	6.593	5.651	5.651	6.593	8.500
7.750	8.750	6.834	5.887	5.887	6.834	8.750
8.000	9.000	7.076	6.124	6.124	7.076	9.000
8.250	9.250	7.319	6.362	6.362	7.319	9.250
8.500	9.500	7.562	6.601	6.601	7.562	9.500
8.750	9.750	7.806	6.841	6.841	7.806	9.750
9.000	10.000	8.051	7.083	7.083	8.051	10.000
9.250	10.250	8.296	7.325	7.325	8.296	10.250
9.500	10.500	8.542	7.568	7.568	8.542	10.500
9.750	10.750	8.788	7.811	7.811	8.788	10.750
10.000	11.000	9.034	8.055	8.055	9.034	11.000
10.250	11.250	9.281	8.300	8.300	9.281	11.250
10.500	11.500	9.528	8.545	8.545	9.528	11.500
10.750	11.750	9.775	8.791	8.791	9.775	11.750
11.000	12.000	10.023	9.037	9.037	10.023	12.000

（2）当 $M=11$，$\Delta t=1$，$\alpha=\dfrac{c^2\Delta t}{(\Delta x)^2}=1$ 时，计算结果见表4.2。

表4.2　$\alpha=1$ 时的计算结果

t_k ＼ x_i $u^{(k)}$	0	0.2	0.4	0.6	0.8	1
0.000	1.000	1.000	1.000	1.000	1.000	1.000
1.000	2.000	1.000	1.000	1.000	1.000	2.000
2.000	3.000	2.000	1.000	1.000	2.000	3.000
3.000	4.000	2.000	2.000	2.000	2.000	4.000
4.000	5.000	4.000	2.000	2.000	4.000	5.000
5.000	6.000	3.000	4.000	4.000	3.000	6.000
6.000	7.000	7.000	3.000	3.000	7.000	7.000
7.000	8.000	3.000	7.000	7.000	3.000	8.000
8.000	9.000	12.000	3.000	3.000	12.000	9.000
9.000	10.000	0.000	12.000	12.000	0.000	10.000
10.000	11.000	22.000	0.000	0.000	22.000	11.000
11.000	12.000	-11.000	22.000	22.000	-11.000	12.000

由上述计算过程可以看出，α 的不同取值，可能产生不同的计算结果。当 $\alpha>1/2$ 时，会出现类似表4.2所示的错误结果。

例4.2　编制程序实现一维热传导混合问题的显式差分近似解：

$$\begin{cases} \dfrac{\partial u}{\partial t}=\dfrac{1}{4}\dfrac{\partial^2 u}{\partial x^2}, & 0<x<1,\ 0<t<1 \\[2mm] u\big|_{x=0}=u\big|_{x=1}=0, & t\geq 0 \\[2mm] u\big|_{t=0}=\sin(\pi x), & 0\leq x\leq 1 \end{cases}$$

解　利用分离变量法可得该问题的解析解为

$$u(x,\ t)=\mathrm{e}^{-(0.5\pi)^2 t}\sin\pi x$$

取 $M=2500$ 和 $N=50$，显式差分程序设计如下：

```
% 显式差分法计算第一类边界条件下的一维热传导方程
clear all;
L = 1;
T = 1;
```

```
M = 2500;
dt = T/M;
N = 50;
dx = L/N;
Lamda = 1/4; % Lamda = c^2
alpha = Lamda * dt/(dx * dx); % 稳定性条件 ( alpha = <0.5 )
% 初始条件
for i = 1:N + 1
    x(i) = (i - 1) * dx;
    u(i,1) = sin(pi * x(i));
end
% 边界条件
for k = 1:M + 1
    u(1,k) = 0;
    u(N + 1,k) = 0;
    time(k) = (k - 1) * dt;
end
% 显式差分法计算
for k = 1:M
    for i = 2:N;
        u(i,k + 1) = u(i,k) + alpha * (u(i - 1,k) + u(i + 1,k) - 2 * u(i,k));
    end
end
% 理论解析解表示
[xx,tt] = meshgrid(x,time);
for k = 1:length(time)
    for i = 1:length(x)
        u_true(i,k) = sin(pi * x(i)) * exp(-0.25 * pi * pi * tt(k));
    end
end
% 图示计算结果
subplot(211)
surfc(x,time,u');
xlabel('x');
ylabel('t');
```

```
zlabel('u(x,t)');
title('显式差分解');
shading interp;
colorbar;
subplot(212)
surfc(x,time,u_true');
xlabel('x');
ylabel('t');
zlabel('u(x,t)');
title('理论解析解')
shading interp;
colorbar;
```

程序执行结果如图 4.2 所示。

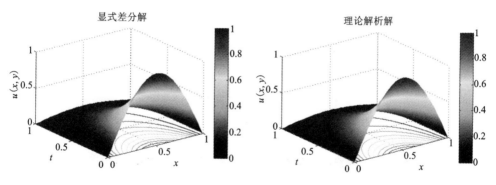

图 4.2　一维热传导方程的显式差分法计算结果

4.1.2　一维隐式差分格式

从上面的讨论可以看到，用显式差分格式求解热传导方程的定解问题，优点是计算比较简便，但是由于必须满足稳定性条件 $\alpha = \dfrac{c^2 \Delta t}{(\Delta x)^2} \leqslant \dfrac{1}{2}$，因此 t 方向的步长必须满足条件

$$\Delta t \leqslant \frac{(\Delta x)^2}{2c^2}$$

为了提高数值解的精确度，必须缩小步长 Δx，此时 Δt 就相应地变得更小。这样，由于差分方程是按 t 增加的方向逐排求解的，这种逐排求解的步骤必须重复很多次，使得计算量大大增加，计算时间大大加长。这是显式差分格式存在的

缺陷。为了避免这种缺点，笔者给出了一种隐式差分格式。

1. 全隐式差分格式

将求解区域进行矩形网格离散化，如图 4.3 所示，则有：

$$\frac{\partial u(x,t)}{\partial t}\bigg|_{\substack{x=x_i \\ t=t_{k+1}}} \approx \frac{u(x_i, t_k + \Delta t) - u(x_i, t_k)}{\Delta t} = \frac{u_{i,k+1} - u_{i,k}}{\Delta t}$$

$$\frac{\partial^2 u(x,t)}{\partial x^2}\bigg|_{\substack{x=x_i \\ t=t_{k+1}}} \approx \frac{u(x_i + \Delta x, t_{k+1}) - 2u(x_i, t_{k+1}) + u(x_i - \Delta x, t_{k+1})}{(\Delta x)^2}$$

$$= \frac{u_{i+1,k+1} - 2u_{i,k+1} + u_{i-1,k+1}}{(\Delta x)^2}$$

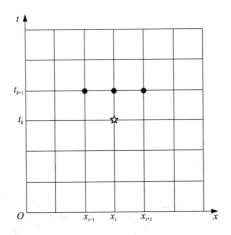

图 4.3 一维热传导方程全隐式差分求解的网格离散化及结点图

于是，定解问题(4.1)中的微分方程可化为差分方程

$$\frac{u_{i,k+1} - u_{i,k}}{\Delta t} = c^2 \frac{u_{i+1,k+1} - 2u_{i,k+1} + u_{i-1,k+1}}{(\Delta x)^2}$$

若取 $\alpha = \dfrac{c^2 \Delta t}{(\Delta x)^2}$，整理后可得

$$u_{i,k} = -\alpha u_{i-1,k+1} + (1 + 2\alpha) u_{i,k+1} - \alpha u_{i+1,k+1} \tag{4.4}$$

根据定解问题(4.1)中的初始条件和边界条件，可得一维热传导方程的隐式差分公式

$$\begin{cases} u_{i,k} = -\alpha u_{i-1,k+1} + (1+2\alpha)u_{i,k+1} - \alpha u_{i+1,k+1} \\ u_{i,0} = \varphi(i\Delta x) \ (i = 0, 1, \cdots, N) \\ u_{0,k} = g_1(k\Delta t) \ (k = 0, 1, \cdots, M) \\ u_{N,k} = g_2(k\Delta t) \end{cases} \tag{4.5}$$

若不考虑初始条件,上式可以写成线性方程组(矩阵)形式:

$$\begin{pmatrix} 1+2\alpha & -\alpha & & & \\ -\alpha & 1+2\alpha & -\alpha & & \\ & \ddots & & & \\ & -\alpha & 1+2\alpha & -\alpha \\ & & -\alpha & 1+2\alpha \end{pmatrix} \begin{pmatrix} u_{1,k+1} \\ u_{2,k+1} \\ \vdots \\ u_{N-2,k+1} \\ u_{N-1,k+1} \end{pmatrix} = \begin{pmatrix} u_{1,k}+\alpha g_1(k\Delta t) \\ u_{2,k} \\ \vdots \\ u_{N-2,k} \\ u_{N-1,k}+\alpha g_2(k\Delta t) \end{pmatrix}$$

$$(4.6)$$

差分格式(4.6)虽然仍要按 t 增加的方向来逐排求解,但已不能像显示差分格式(4.3)那样直接由第 k 排的值逐个地求得第 $k+1$ 排的值,而必须在已知整个第 k 排上的值后,利用式(4.6)的第一式及第 $k+1$ 排上的边界条件并通过求解线性方程组获得。正因为这样,才称这种差分格式为全隐式差分格式(fully implicit scheme)。

全隐式差分法所形成的线性方程组的系数矩阵具有稀疏形式,如图 4.4 所示。同时,该系数矩阵对称、正定。

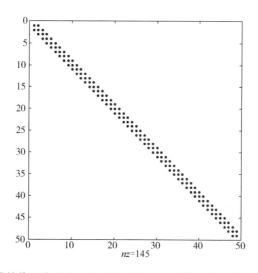

图 4.4 一维热传导方程全隐式差分法计算形成的系数矩阵非零元素分布图

例 4.3 编制程序实现一维热传导混合问题的全隐式差分近似解:

$$\begin{cases} \dfrac{\partial u}{\partial t} = \dfrac{1}{4} \dfrac{\partial^2 u}{\partial x^2}, & 0 < x < 1, \ 0 < t < 1 \\ u\big|_{x=0} = u\big|_{x=1} = 0, & t \geqslant 0 \\ u\big|_{t=0} = \sin(\pi x), & 0 \leqslant x \leqslant 1 \end{cases}$$

解　利用分离变量法可得该问题的解析解为

$$u(x,\ t) = e^{-(0.5\pi)^2 t}\sin\pi x$$

取 $M = 500$ 和 $N = 50$，全隐式差分程序设计如下：

```
% 全隐式差分法计算第一类边界条件下的一维热传导方程
clear all;
L = 1;
T = 1;
M = 500;
dt = T/M;
N = 50;
dx = L/N;
Lamda = 1/4; % Lamda = c^2
alpha = Lamda * dt/(dx * dx);
% 初始条件
for i = 1:N + 1
  x(i) = (i - 1) * dx;
  u(i,1) = sin(pi * x(i));
end
% 边界条件
for k = 1:M + 1
  u(1,k) = 0.;
  u(N + 1,k) = 0.;
  time(k) = (k - 1) * dt;
end
% 线性方程组左端项
aa(1:N - 2) = - alpha;
bb(1:N - 1) = 1 + 2 * alpha;
cc(1:N - 2) = - alpha;
MM = diag(bb,0) + diag(aa, - 1) + diag(cc,1);
% 隐式差分法计算
for k = 2:M + 1
  uu = u(2:N,k - 1);
  uu(1) = uu(1) + alpha * 0;
  uu(N - 1) = uu(N - 1) + alpha * 0;
  u(2:N,k) = inv(MM) * uu;
```

```
end
```
% 理论解析解表示

```
[xx,tt] = meshgrid(x,time);
for k = 1:length(time)
    for i = 1:length(x)
        u_true(i,k) = sin(pi * x(i)) * exp(-0.25 * pi * pi * tt(k));
    end
end
```
% 图示计算结果

```
subplot(211)
surfc(x,time,u');
xlabel('x');
ylabel('t');
zlabel('u(x,t)');
title('全隐式差分解');
shading interp;
colorbar;
subplot(212)
surfc(x,time,u_true');
xlabel('x');
ylabel('t');
zlabel('u(x,t)');
title('理论解析解')
shading interp;
colorbar;
```

程序执行结果如图 4.5 所示，这与满足稳定性条件的显式差分法计算结果相同。

2. Crank – Nicolson 隐式差分格式

将求解区域进行矩形网格离散化，如图 4.6 所示，则有：

$$\frac{\partial u(x,\,t)}{\partial t}\bigg|_{\substack{x=x_i\\t=t_k}} \approx \frac{u(x_i,\,t_k+\Delta t)-u(x_i,\,t_k)}{\Delta t} = \frac{u_{i,\,k+1}-u_{i,\,k}}{\Delta t}$$

$$\frac{\partial^2 u(x,\,t)}{\partial x^2}\bigg|_{\substack{x=x_i\\t=t_k}} \approx \theta\,\frac{u_{i+1,\,k}-2u_{i,\,k}+u_{i-1,\,k}}{(\Delta x)^2} + (1-\theta)\frac{u_{i+1,\,k+1}-2u_{i,\,k+1}+u_{i-1,\,k+1}}{(\Delta x)^2}$$

即

$$\frac{u_{i,\,k+1}-u_{i,\,k}}{\Delta t} = a^2\left[\theta\,\frac{u_{i+1,\,k}-2u_{i,\,k}+u_{i-1,\,k}}{(\Delta x)^2} + (1-\theta)\frac{u_{i+1,\,k+1}-2u_{i,\,k+1}+u_{i-1,\,k+1}}{(\Delta x)^2}\right]$$

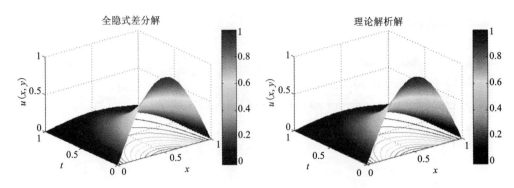

图 4.5　一维热传导方程的全隐式差分法计算结果

当 $0 < \theta \le \dfrac{1}{2}$ 时，这种差分格式的解是稳定的。若取 $\theta = \dfrac{1}{2}$，该差分格式称为 Crank – Nicolson(CN)隐式差分格式。

取 $\alpha = \dfrac{c^2 \Delta t}{(\Delta x)^2}$，整理后可得

$$-\alpha u_{i-1,\,k+1} + (2 + 2\alpha) u_{i,\,k+1} - \alpha u_{i+1,\,k+1} = \alpha u_{i-1,\,k} + (2 - 2\alpha) u_{i,\,k} + \alpha u_{i+1,\,k}$$

$$(4.7)$$

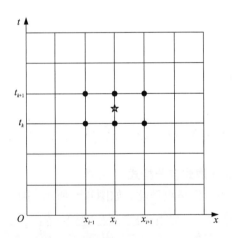

图 4.6　一维热传导方程 Crank – Nicolson 隐式差分求解的网格离散化及结点图

式(4.7)可以写成线性方程组(矩阵)形式：

$$
\begin{pmatrix}
-\alpha & 2+2\alpha & -\alpha & & & & \\
0 & -\alpha & 2+2\alpha & -\alpha & & & \\
& & \ddots & & & & \\
& & -\alpha & 2+2\alpha & -\alpha & 0 & \\
& & & -\alpha & 2+2\alpha & -\alpha &
\end{pmatrix}
\begin{pmatrix}
u_{0,k+1} \\
u_{1,k+1} \\
\vdots \\
u_{N-1,k+1} \\
u_{N,k+1}
\end{pmatrix}
$$

$$
=
\begin{pmatrix}
\alpha & 2-2\alpha & \alpha & & & & \\
0 & \alpha & 2-2\alpha & \alpha & & & \\
& & \ddots & & & & \\
& & \alpha & 2-2\alpha & \alpha & 0 & \\
& & & \alpha & 2-2\alpha & \alpha &
\end{pmatrix}
\begin{pmatrix}
u_{0,k} \\
u_{1,k} \\
\vdots \\
u_{N-1,k} \\
u_{N,k}
\end{pmatrix}
$$

$$(4.8)$$

根据定解问题(4.11)中边界条件，有

$$u_{0,k}=g_1(k\Delta t),\ u_{0,k+1}=g_1((k+1)\Delta t),$$

$$u_{N,k}=g_2(k\Delta t),\ u_{N,k+1}=g_2((k+1)\Delta t)。$$

从而，式(4.8)的左端项可以写为

$$
\begin{pmatrix}
2+2\alpha & -\alpha & & & \\
-\alpha & 2+2\alpha & -\alpha & & \\
& \ddots & 2+2\alpha & -\alpha & \\
& -\alpha & 2+2\alpha & -\alpha & \\
& & -\alpha & 2+2\alpha &
\end{pmatrix}
\begin{pmatrix}
u_{1,k+1} \\
u_{2,k+1} \\
\vdots \\
u_{N-2,k+1} \\
u_{N-1,k+1}
\end{pmatrix}
+
\begin{pmatrix}
-\alpha g_1((k+1)\Delta t) \\
0 \\
\vdots \\
0 \\
-\alpha g_2((k+1)\Delta t)
\end{pmatrix}
$$

$$=\boldsymbol{M}_{k+1}^L\boldsymbol{u}_{k+1}+\boldsymbol{r}_{k+1}^L \qquad (4.9)$$

同样，式(4.8)的右端项可以写为

$$
\begin{pmatrix}
2-2\alpha & \alpha & & & \\
\alpha & 2-2\alpha & \alpha & & \\
& \ddots & & & \\
& \alpha & 2-2\alpha & \alpha & \\
& & \alpha & 2-2\alpha &
\end{pmatrix}
\begin{pmatrix}
u_{1,k} \\
u_{2,k} \\
\vdots \\
u_{N-2,k} \\
u_{N-1,k}
\end{pmatrix}
+
\begin{pmatrix}
\alpha g_1(k\Delta t) \\
0 \\
\vdots \\
0 \\
\alpha g_2(k\Delta t)
\end{pmatrix}
=\boldsymbol{M}_k^R\boldsymbol{u}_k+\boldsymbol{r}_k^R
$$

$$(4.10)$$

联合式(4.9)和式(4.10)，可得

$$\boldsymbol{M}_{k+1}^L\boldsymbol{u}_{k+1}=\boldsymbol{M}_k^R\boldsymbol{u}_k+\boldsymbol{r}_k^R-\boldsymbol{r}_{k+1}^L$$

即

$$\boldsymbol{u}_{k+1}=(\boldsymbol{M}_{k+1}^L)^{-1}(\boldsymbol{M}_k^R\boldsymbol{u}_k+\boldsymbol{r}_k^R-\boldsymbol{r}_{k+1}^L) \qquad (4.11)$$

再根据定解问题(4.1)中的初始条件 $u_{i,0}=\varphi(i\Delta x)$，$(i=0,1,\cdots,N)$，求解线性方程组(4.11)即可得不同时刻各节点的温度分布。

例 4.4 编制程序实现一维热传导混合问题的 Crank – Nicolson 隐式差分近似解:

$$\begin{cases} \dfrac{\partial u}{\partial t} = \dfrac{1}{4}\,\dfrac{\partial^2 u}{\partial x^2}, & 0 < x < 1,\ 0 < t < 1 \\[2mm] u\big|_{x=0} = u\big|_{x=1} = 0, & t \geqslant 0 \\[2mm] u\big|_{t=0} = \sin(\pi x), & 0 \leqslant x \leqslant 1 \end{cases}$$

解 利用分离变量法可得该问题的解析解为

$$u(x,\ t) = \mathrm{e}^{-(0.5\pi)^2 t}\sin\pi x$$

取 $M = 2500$ 和 $N = 50$, Crank – Nicolson 隐式差分程序设计如下:

```
% Crank – Nicoloson 隐式差分计算第一类边界条件下的一维热传导方程
clear all;
L = 1;
T = 1;
M = 500;
dt = T/M;
N = 50;
dx = L/N;
Lamda = 1/4;  % Lamda = c^2
alpha = Lamda * dt/(dx * dx);
% 初始条件
for i = 1:N + 1
  x(i) = (i - 1) * dx;
  u(i,1) = sin(pi * x(i));
end
% 边界条件
for k = 1:M + 1
  u(1,k) = 0;
  u(N + 1,k) = 0;
  time(k) = (k - 1) * dt;
end
% 线性方程组左端项
aal(1:N - 2) = - alpha;
bbl(1:N - 1) = 2 + 2 * alpha;
ccl(1:N - 2) = - alpha;
MMl = diag(bbl,0) + diag(aal, - 1) + diag(ccl,1);
```

```
% 线性方程组右端项
aar(1:N-2) = alpha;
bbr(1:N-1) = 2-2*alpha;
ccr(1:N-2) = alpha;
MMr = diag(bbr,0) + diag(aar,-1) + diag(ccr,1);
% Crank-Nicolson 方法计算
for k = 2:M+1
    uu = u(2:N,k-1);
    u(2:N,k) = inv(MMl)*MMr*uu;
end
% 理论解析解表示
[xx,tt] = meshgrid(x,time);
for k = 1:length(time)
    for i = 1:length(x)
        u_true(i,k) = sin(pi*x(i))*exp(-0.25*pi*pi*tt(k));
    end
end
% 图示计算结果
subplot(211)
surfc(x,time,u');
xlabel('x');
ylabel('t');
zlabel('u(x,t)');
title('Crank-Nicoloson 隐式差分解');
shading interp;
colorbar;
subplot(212)
surfc(x,time,u_true');
xlabel('x');
ylabel('t');
zlabel('u(x,t)');
title('理论解析解')
shading interp;
colorbar;
```

程序执行结果如图 4.7 所示, 这与满足稳定性条件的显式差分法计算结果相同。

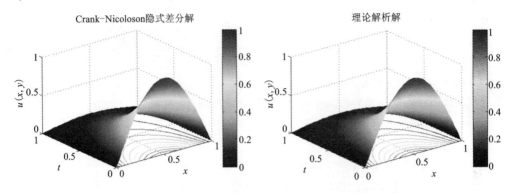

图 4.7　一维热传导方程的 Crank – Nicoloson 隐式差分法计算结果

4.2　二维热传导方程的差分解法

4.2.1　二维显式差分格式

考虑二维热传导方程的定解问题：

$$\begin{cases} \dfrac{\partial u}{\partial t} = c^2 \left(\dfrac{\partial^2 u}{\partial x^2} + \dfrac{\partial^2 u}{\partial y^2} \right), & 0 < x < a, \ 0 < y < b, \ t > 0 \\ u(0, y, t) = g_1(y, t), \ u(a, y, t) = g_2(y, t), \ 0 \leqslant y \leqslant b, \ t \geqslant 0 \\ u(x, 0, t) = h_1(x, t), \ u(x, b, t) = h_2(x, t), \ 0 \leqslant x \leqslant a, \ t \geqslant 0 \\ u(x, y, 0) = f(x, y), & 0 \leqslant x \leqslant a, \ 0 \leqslant y \leqslant b \end{cases}$$

$$(4.12)$$

取 $0 \leqslant t \leqslant T$，首先将求解区域进行网格离散化（见图 4.8），则有

$$\begin{cases} x_i = i\Delta x, \ i = 0, 1, \cdots, N_1 \\ y_j = j\Delta y, \ j = 0, 1, \cdots, N_2 \\ t_k = k\Delta t, \ k = 0, 1, \cdots, N_3 \end{cases}$$

式中：$\Delta x = \dfrac{a}{N_1}$，$\Delta y = \dfrac{b}{N_2}$，$\Delta t = \dfrac{T}{N_3}$。

令

$$u_{i,j}^k = u(x_i, y_j, t_k), \ i = 0, 1, \cdots, N_1; \ j = 0, 1, \cdots, N_2; \ k = 0, 1, \cdots, N_3$$

则

$$\frac{\partial u(x, y, t)}{\partial t} \bigg|_{\substack{x=x_i \\ y=y_j \\ t=t_k}} \approx \frac{u(x_i, y_j, t_k + \Delta t) - u(x_i, y_j, t_k)}{\Delta t} = \frac{u_{i,j}^{k+1} - u_{i,j}^k}{\Delta t}$$

$$\frac{\partial^2 u(x, y, t)}{\partial x^2} \bigg|_{\substack{x=x_i \\ y=y_j \\ t=t_k}} \approx \frac{u(x_i + \Delta x, y_j, t_k) - 2u(x_i, y_j, t_k) + u(x_i - \Delta x, y_j, t_k)}{(\Delta x)^2}$$

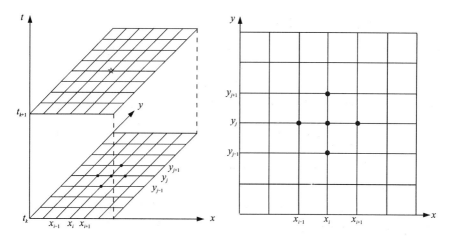

图 4.8　二维热传导方程显式差分求解的网格离散化及结点图

$$= \frac{u_{i+1,j}^{k} - 2u_{i,j}^{k} + u_{i-1,j}^{k}}{(\Delta x)^2}$$

$$\frac{\partial^2 u(x,y,t)}{\partial y^2}\bigg|_{\substack{x=x_i \\ y=y_j \\ t=t_k}} \approx \frac{u(x_i, y_j + \Delta y, t_k) - 2u(x_i, y_j, t_k) + u(x_i, y_j - \Delta y, t_k)}{(\Delta y)^2}$$

$$= \frac{u_{i,j+1}^{k} - 2u_{i,j}^{k} + u_{i,j-1}^{k}}{(\Delta y)^2}$$

于是，定解问题(4.12)中的微分方程可化为差分方程

$$\frac{u_{i,j}^{k+1} - u_{i,j}^{k}}{\Delta t} = c^2 \left[\frac{u_{i+1,j}^{k} - 2u_{i,j}^{k} + u_{i-1,j}^{k}}{(\Delta x)^2} + \frac{u_{i,j+1}^{k} - 2u_{i,j}^{k} + u_{i,j-1}^{k}}{(\Delta y)^2} \right]$$

即

$$u_{i,j}^{k+1} = u_{i,j}^{k} + c^2 \Delta t \left[\frac{u_{i+1,j}^{k} - 2u_{i,j}^{k} + u_{i-1,j}^{k}}{(\Delta x)^2} + \frac{u_{i,j+1}^{k} - 2u_{i,j}^{k} + u_{i,j-1}^{k}}{(\Delta y)^2} \right] \quad (4.13)$$

根据定解问题(4.12)中的初始条件和边界条件，可得二维热传导方程的差分递推公式：

$$\begin{cases}
u_{i,j}^{k+1} = u_{i,j}^{k} + c^2 \Delta t \left[\dfrac{u_{i+1,j}^{k} - 2u_{i,j}^{k} + u_{i-1,j}^{k}}{(\Delta x)^2} + \dfrac{u_{i,j+1}^{k} - 2u_{i,j}^{k} + u_{i,j-1}^{k}}{(\Delta y)^2} \right] \\
u_{0,j}^{k} = g_1(j\Delta y, k\Delta t) \ (j = 0, 1, \cdots, N_2; \ k = 0, 1, \cdots, N_3) \\
u_{N_1,j}^{k} = g_2(j\Delta y, k\Delta t) \\
u_{i,0}^{k} = h_1(i\Delta x, k\Delta t) \ (i = 0, 1, \cdots, N_1; \ k = 0, 1, \cdots, N_3) \\
u_{i,N_2}^{k} = h_2(i\Delta x, k\Delta t) \\
u_{i,j}^{0} = f(i\Delta x, j\Delta y) \ (i = 0, 1, \cdots, N_1; \ j = 0, 1, \cdots, N_2)
\end{cases} \quad (4.14)$$

可以清楚地看到，根据初始条件与边界条件，差分方程(4.13)可按 t 增加的方向逐排求解。很明显，式(4.14)是一种显式差分格式，其稳定性条件为

$$\alpha = c^2 \Delta t \left[\frac{1}{(\Delta x)^2} + \frac{1}{(\Delta y)^2} \right] \leqslant \frac{1}{2} \tag{4.15}$$

例 4.5 编制程序实现二维热传导混合问题的显式差分近似解：

$$\begin{cases} \dfrac{\partial u}{\partial t} = \dfrac{1}{\pi^2} \left(\dfrac{\partial^2 u}{\partial x^2} + \dfrac{\partial^2 u}{\partial y^2} \right), & 0 < x < 1,\ 0 < y < 1,\ t > 0 \\ u(0,\ y,\ t) = u(1,\ y,\ t) = 0, & 0 \leqslant y \leqslant 1,\ t \geqslant 0 \\ u(x,\ 0,\ t) = u(x,\ 1,\ t) = 0, & 0 \leqslant x \leqslant 1,\ t \geqslant 0 \\ u(x,\ y,\ 0) = \sin(\pi x) \sin(\pi y), & 0 \leqslant x \leqslant 1,\ 0 \leqslant y \leqslant 1 \end{cases}$$

解 (1) 利用分离变量法可得该问题的解析解为

$$u(x,\ y,\ t) = \sin(\pi x) \sin(\pi y) \mathrm{e}^{-2t}$$

取 $0 \leqslant t \leqslant 1$，图示解析解的程序设计如下：

```
clear all;
dx = 0.05;
dy = 0.05;
dt = 0.005;
x = 0:dx:1;
y = 0:dy:1;
t = 0:dt:1;
[X,Y] = meshgrid(x,y);
u = zeros(size(y,2),size(x,2),size(t,2));
for k = 1:size(t,2)
  u(:,:,k) = sin(pi*X).*sin(pi*Y)*exp(-2*t(k));
  % 图示解析解
  surf(x,y,u(:,:,k));
  colorbar;
  title(['解析解：t =', num2str((k-1)*dt) 's']);
  set(gca,'XLim',[0 1]);
  set(gca,'YLim',[0 1]);
  set(gca,'ZLim',[-1 1]);
  xlabel('x');
  ylabel('y');
  zlabel('u');
  drawnow;
```

```
     pause(0.1);
  end
```

（2）显式差分近似解。取 $\Delta x = 0.05$，$\Delta y = 0.05$ 和 $\Delta t = 0.005$，这时 $\alpha = 0.4053 < 0.5$ 满足稳定性条件，程序设计如下：

```
% 显式差分法计算第一类边界条件下的二维热传导方程
clear all;
xsize = 1;
ysize = 1;
tsize = 1;
xnum = 21;
ynum = 21;
tnum = 201;
dx = xsize/(xnum - 1);
dy = ysize/(ynum - 1);
dt = tsize/(tnum - 1);
x = 0:dx:xsize;
y = 0:dy:ysize;
t = 0:dt:tsize;
Lamda = 1/pi/pi;% Lamda = c^2
alpha = Lamda * dt * (1/dx^2 + 1/dy^2);% 稳定性条件（alpha = <0.5）
u = zeros(ynum,xnum,tnum);
% 初始条件
for i = 1:ynum
  for j = 1:xnum
    u(i,j,1) = sin(pi * x(j)) * sin(pi * y(i));
  end
end
% 边界条件
for k = 1:tnum
  u(1,:,k) = 0;
  u(ynum,:,k) = 0;
  u(:,1,k) = 0;
  u(:,xnum,k) = 0;
end
% 显式差分法计算
```

```
for k = 2 : tnum
    for i = 2 : ynum - 1
        for j = 2 : xnum - 1
            u(i,j,k) = dt * Lamda * ((u(i,j - 1,k - 1) - 2 * u(i,j,k - 1) + ...
                u(i,j + 1,k - 1))/dx^2 + (u(i - 1,j,k - 1) - ...
                2 * u(i,j,k - 1) + u(i + 1,j,k - 1))/dy^2) + u(i,j,k - 1);
        end
    end
    % 图示计算结果
    surf(x,y,u(:,:,k));
    colorbar;
    title(['Explicit solution: t = ', num2str(k * dt) 's']);
    set(gca,'XLim',[0 1]);
    set(gca,'YLim',[0 1]);
    set(gca,'ZLim',[-1 1]);
    xlabel('x');
    ylabel('y');
    zlabel('u');
    drawnow;
    pause(0.1);
end
```

利用上述程序计算并图示 t =0.2 s, 0.4 s, 0.6 s, 0.8 s, 1.0 s 时的显式差分近似解(简称显式解)和解析解,如图 4.9 所示。从图上可以看出:满足稳定性条件的显式解与解析解吻合得很好。

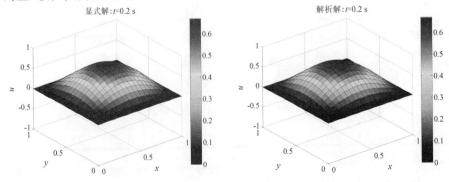

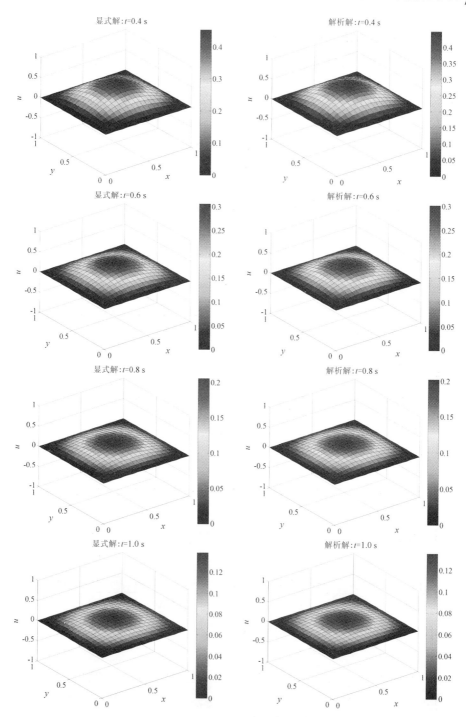

图 4.9 二维热传导方程的显式差分法计算结果

4.2.2 二维隐式差分格式

利用显式差分格式求解热传导方程的定解问题，优点是计算比较简便，但是由于必须满足稳定性条件 $\alpha = c^2 \Delta t\left[\dfrac{1}{(\Delta x)^2} + \dfrac{1}{(\Delta y)^2}\right] \leqslant \dfrac{1}{2}$，因此 t 方向的步长必须满足条件

$$\Delta t \leqslant \frac{1}{2c^2}\left[\frac{(\Delta x)^2 (\Delta y)^2}{(\Delta x)^2 + (\Delta y)^2}\right]$$

为了提高数值解的精确度，必须缩小步长 Δx 和 Δy，此时 Δt 就要相应地变得更小。为了避免这种缺点，下面介绍求解二维热传导方程的隐式差分格式。

1. 全隐式差分格式

将求解区域进行网格离散化，如图 4.10 所示，则有

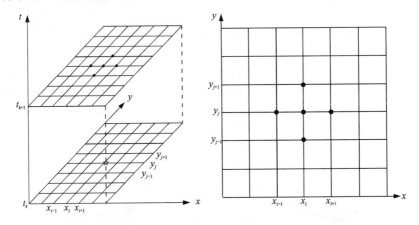

图 4.10 二维热传导方程全隐式差分求解的网格离散化及结点图

$$\frac{\partial u(x, y, t)}{\partial t}\bigg|_{\substack{x=x_i \\ y=y_j \\ t=t_{k+1}}} \approx \frac{u(x_i, y_j, t_k + \Delta t) - u(x_i, y_j, t_k)}{\Delta t} = \frac{u_{i,j}^{k+1} - u_{i,j}^k}{\Delta t}$$

$$\frac{\partial^2 u(x, y, t)}{\partial x^2}\bigg|_{\substack{x=x_i \\ y=y_j \\ t=t_{k+1}}} \approx \frac{u(x_i + \Delta x, y_j, t_{k+1}) - 2u(x_i, y_j, t_{k+1}) + u(x_i - \Delta x, y_j, t_{k+1})}{(\Delta x)^2}$$

$$= \frac{u_{i+1,j}^{k+1} - 2u_{i,j}^{k+1} + u_{i-1,j}^{k+1}}{(\Delta x)^2}$$

$$\frac{\partial^2 u(x, y, t)}{\partial y^2}\bigg|_{\substack{x=x_i \\ y=y_j \\ t=t_{k+1}}} \approx \frac{u(x_i, y_j + \Delta y, t_{k+1}) - 2u(x_i, y_j, t_{k+1}) + u(x_i, y_j - \Delta y, t_{k+1})}{(\Delta y)^2}$$

$$= \frac{u_{i,j+1}^{k+1} - 2u_{i,j}^{k+1} + u_{i,j-1}^{k+1}}{(\Delta y)^2}$$

于是，定解问题(4.12)中的微分方程可化为差分方程

$$\frac{u_{i,j}^{k+1}-u_{i,j}^{k}}{\Delta t}=c^2\left[\frac{u_{i+1,j}^{k+1}-2u_{i,j}^{k+1}+u_{i-1,j}^{k+1}}{(\Delta x)^2}+\frac{u_{i,j+1}^{k+1}-2u_{i,j}^{k+1}+u_{i,j-1}^{k+1}}{(\Delta y)^2}\right] \quad (4.16)$$

若取 $\alpha_x=\dfrac{c^2\Delta t}{(\Delta x)^2}$ 和 $\alpha_y=\dfrac{c^2\Delta t}{(\Delta y)^2}$，整理后可得

$$u_{i,j}^{k}=-\alpha_x u_{i+1,j}^{k+1}-\alpha_x u_{i-1,j}^{k+1}-\alpha_y u_{i,j+1}^{k+1}-\alpha_y u_{i,j-1}^{k+1}+(1+2\alpha_x+2\alpha_y)u_{i,j}^{k+1} \quad (4.17)$$

根据定解问题(4.12)中的初始条件和边界条件，可得二维热传导方程的全隐式差分计算表达式：

$$\begin{cases} u_{i,j}^{k}=-\alpha_x u_{i+1,j}^{k+1}-\alpha_x u_{i-1,j}^{k+1}-\alpha_y u_{i,j+1}^{k+1}-\alpha_y u_{i,j-1}^{k+1}+(1+2\alpha_x+2\alpha_y)u_{i,j}^{k+1} \\ u_{0,j}^{k}=g_1(j\Delta y,\,k\Delta t)\ (j=0,\,1,\,\cdots,\,N_2;\,k=0,\,1,\,\cdots,\,N_3) \\ u_{N_1,j}^{k}=g_2(j\Delta y,\,k\Delta t) \\ u_{i,0}^{k}=h_1(i\Delta x,\,k\Delta t)\ (i=0,\,1,\,\cdots,\,N_1;\,k=0,\,1,\,\cdots,\,N_3) \\ u_{i,N_2}^{k}=h_2(i\Delta x,\,k\Delta t) \\ u_{i,j}^{0}=f(i\Delta x,\,j\Delta y)\ (i=0,\,1,\,\cdots,\,N_1;\,j=0,\,1,\,\cdots,\,N_2) \end{cases}$$

$$(4.18)$$

与二维泊松方程的差分解法类似，需要将 u 写成一维数组，见图 3.7。这样，我们就可以将式(4.18)写成线性方程组(矩阵)形式，其系数矩阵具有稀疏形式，如图 4.11 所示。

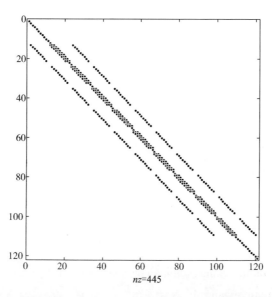

图 4.11　二维热传导方程全隐式差分法计算形成的系数矩阵非零元素分布图

例 4.6 编制程序实现二维热传导混合问题的全隐式差分近似解：

$$\begin{cases} \dfrac{\partial u}{\partial t} = \dfrac{1}{\pi^2}\left(\dfrac{\partial^2 u}{\partial x^2} + \dfrac{\partial^2 u}{\partial y^2}\right), & 0 < x < 1,\ 0 < y < 1,\ t > 0 \\ u(0,\ y,\ t) = u(1,\ y,\ t) = 0, & 0 \leqslant y \leqslant 1,\ t \geqslant 0 \\ u(x,\ 0,\ t) = u(x,\ 1,\ t) = 0, & 0 \leqslant x \leqslant 1,\ t \geqslant 0 \\ u(x,\ y,\ 0) = \sin(\pi x)\sin(\pi y), & 0 \leqslant x \leqslant 1,\ 0 \leqslant y \leqslant 1 \end{cases}$$

解 取 $\Delta x = 0.05$，$\Delta y = 0.05$ 和 $\Delta t = 0.01$，全隐式差分法的程序设计如下：

```
% 全隐式差分法计算第一类边界条件下的二维热传导方程
clear all;
xsize = 1;
ysize = 1;
tsize = 1;
xnum = 21;
ynum = 21;
tnum = 101;
dx = xsize/(xnum - 1);
dy = ysize/(ynum - 1);
dt = tsize/(tnum - 1);
x = 0 : dx : xsize;
y = 0 : dy : ysize;
t = 0 : dt : tsize;
Lamda = 1/pi/pi; % Lamda = c^2
alpha = Lamda * dt * (1/dx^2 + 1/dy^2);
u = zeros(ynum, xnum, tnum);
% 初始条件
for i = 1 : ynum
  for j = 1 : xnum
    u(i,j,1) = sin(pi * x(j)) * sin(pi * y(i));
  end
end
% 全隐式差分法计算
for k = 2 : tnum
  L = sparse(xnum * ynum, xnum * ynum);
  R = zeros(xnum * ynum, 1);
  for i = 1 : 1 : ynum
```

```
    for j = 1:1:xnum
      s = (j - 1) * ynum + i;
      % 边界条件
      if( i == 1 | | i == ynum | | j == 1 | | j == xnum )
        L( s,s ) = 1;
        R( s,1 ) = 0;
      else
        L( s,s - ynum ) = - Lamda/dx^2;
        L( s,s + ynum ) = - Lamda/dx^2;
        L( s,s - 1 ) = - Lamda/dy^2;
        L( s,s + 1 ) = - Lamda/dy^2;
        L( s,s ) = 1/dt + 2 * Lamda/dx^2 + 2 * Lamda/dy^2;
        R( s,1 ) = u( i,j,k - 1 )/dt;
      end
    end
end
% 线性方程组求解
uu = L\R;
for i = 1:1:ynum
  for j = 1:1:xnum
    s = (j - 1) * ynum + i;
    u( i,j,k ) = uu( s );
  end
end
% 图示隐式解
surf( x,y,u(:,:,k) );
colorbar;
title( ['隐式解: t = ',num2str( ( k - 1 ) * dt ) ] );
set( gca,'XLim',[ 0 1 ] );
set( gca,'YLim',[ 0 1 ] );
set( gca,'ZLim',[ - 1 1 ] );
xlabel( 'x' );
ylabel( 'y' );
zlabel( 'u' );
drawnow;
```

pause(0.1);

 end

 利用该程序计算 $t = 0.2\ \mathrm{s}$, $0.4\ \mathrm{s}$, $0.6\ \mathrm{s}$, $0.8\ \mathrm{s}$, $1.0\ \mathrm{s}$ 时的隐式差分近似解（简称隐式解），同时与解析解进行对比，如图 4.12 所示。这时 $\alpha = 0.8106 > 0.5$，但隐式解与解析解仍然吻合得很好。

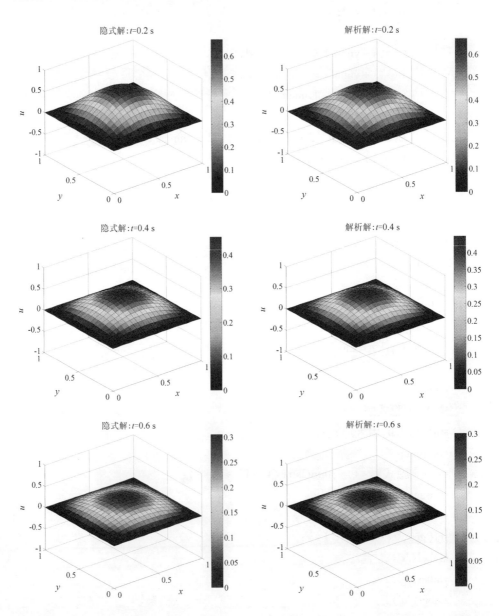

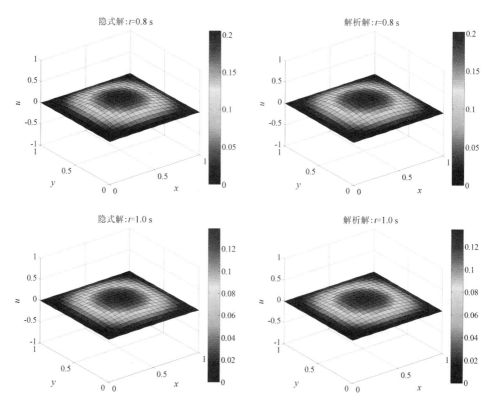

图 4.12　二维热传导方程的隐式差分法计算结果

　　当然，若第一类边界不采用强加边界条件形式，可以在差分方程中去掉第一类边界上的未知量，类似于第 3 章二维泊松方程的处理。这时，所得线性方程组的系数具有对称稀疏形式，如图 4.13 所示。

　　下面，我们按线性方程组系数矩阵对称的情形，给出例 4.6 的 Matlab 计算程序，代码如下：

```
%全隐式差分法计算第一类边界条件下的二维热传导方程(系数矩阵对称形式)
clear all;
xsize = 1;
ysize = 1;
tsize = 1;
xnum = 21;
ynum = 21;
tnum = 101;
```

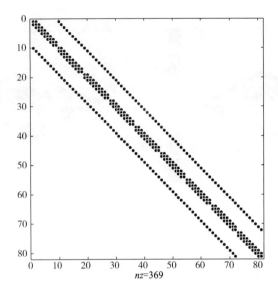

图 4.13　二维热传导方程全隐式差分法计算形成的对称系数矩阵非零元素分布图

dx = xsize/(xnum − 1);

dy = ysize/(ynum − 1);

dt = tsize/(tnum − 1);

x = 0 : dx : xsize;

y = 0 : dy : ysize;

t = 0 : dt : tsize;

Lamda = 1/pi/pi; % Lamda = c^2

alpha = Lamda ∗ dt ∗ (1/dx^2 + 1/dy^2);

u = zeros(ynum, xnum, tnum);

% 初始条件

for i = 1 : ynum

　for j = 1 : xnum

　　u(i, j, 1) = sin(pi ∗ x(j)) ∗ sin(pi ∗ y(i));

　end

end

% 全隐式差分法计算

for k = 2 : tnum

　Ix = speye(xnum − 2); Iy = speye(ynum − 2);

　aa(1 : ynum − 2 − 1) = − Lamda/dy^2;

```matlab
bb(1:ynum - 2) = 1/dt + 2 * Lamda/dy^2 + 2 * Lamda/dx^2;
A = diag(bb,0) + diag(aa, - 1) + diag(aa,1);
e = - Lamda * ones(xnum - 2)/dx^2;
B = spdiags([e e],[ - 1 1],xnum - 2,xnum - 2);
L = kron(Ix,A) + kron(B,Iy);
for i = 1:ynum - 2
    for j = 1:xnum - 2
        h = (j - 1) * (ynum - 2) + i;
        R(h, 1) = u(i + 1,j + 1,k - 1)/dt; % 注意这里的 i + 1 与 j + 1
        if (i == 1 | | i == ynum - 2 | | j == 1 | | j == xnum - 2)
            R(h,1) = R(h,1) - 0;
        end
    end
end
uu = L\R;
u(:,:,k) = zeros(ynum,xnum);
u(:,1,k) = 0;
u(:,xnum,k) = 0;
u(1,:,k) = 0;
u(ynum,:,k) = 0;
u(2:ynum - 1,2:xnum - 1,k) = reshape(uu,ynum - 2,xnum - 2);
% 图示隐式解
surf(x,y,u(:,:,k));
colorbar;
title(['隐式解: t = ',num2str((k - 1) * dt)]);
set(gca,'XLim',[0 1]);
set(gca,'YLim',[0 1]);
set(gca,'ZLim',[ - 1 1]);
xlabel('x');
ylabel('y');
zlabel('u');
drawnow;
pause(0.1);
end
```

2. Crank – Nicolson 隐式差分格式

仿照一维热传导方程情形，我们可以得到二维热传导方程的 Crank – Nicolson 隐式差分格式：

$$\frac{u_{i,j}^{k+1} - u_{i,j}^k}{\Delta t} = \frac{1}{2}c^2\left[\frac{u_{i+1,j}^{k+1} - 2u_{i,j}^{k+1} + u_{i-1,j}^{k+1}}{(\Delta x)^2} + \frac{u_{i,j+1}^{k+1} - 2u_{i,j}^{k+1} + u_{i,j-1}^{k+1}}{(\Delta y)^2}\right] +$$
$$\frac{1}{2}c^2\left[\frac{u_{i+1,j}^k - 2u_{i,j}^k + u_{i-1,j}^k}{(\Delta x)^2} + \frac{u_{i,j+1}^k - 2u_{i,j}^k + u_{i,j-1}^k}{(\Delta y)^2}\right] \tag{4.19}$$

若加入初边界条件，结合式(4.19)将导出相应的线性方程组，求解线性方程组即可得到某时刻离散节点的温度值。

例 4.7　编制程序实现二维热传导混合问题的 Crank – Nicolson 隐式差分近似解：

$$\begin{cases} \dfrac{\partial u}{\partial t} = \dfrac{1}{\pi^2}\left(\dfrac{\partial^2 u}{\partial x^2} + \dfrac{\partial^2 u}{\partial y^2}\right), & 0 < x < 1,\ 0 < y < 1,\ t > 0 \\ u(0,\ y,\ t) = u(1,\ y,\ t) = 0, & 0 \leqslant y \leqslant 1,\ t \geqslant 0 \\ u(x,\ 0,\ t) = u(x,\ 1,\ t) = 0, & 0 \leqslant x \leqslant 1,\ t \geqslant 0 \\ u(x,\ y,\ 0) = \sin(\pi x)\sin(\pi y), & 0 \leqslant x \leqslant 1,\ 0 \leqslant y \leqslant 1 \end{cases}$$

解　取 $\Delta x = 0.05$，$\Delta y = 0.05$ 和 $\Delta t = 0.01$，Crank – Nicolson 隐式差分法的程序设计如下：

```
% Crank – Nicolson 隐式差分法计算第一类边界条件下的二维热传导方程
clear all;
xsize = 1;
ysize = 1;
tsize = 1;
xnum = 21;
ynum = 21;
tnum = 101;
dx = xsize/(xnum - 1);
dy = ysize/(ynum - 1);
dt = tsize/(tnum - 1);
x = 0:dx:xsize;
y = 0:dy:ysize;
t = 0:dt:tsize;
Lamda = 1/pi/pi;% Lamda = c^2
alpha = Lamda * dt * (1/dx^2 + 1/dy^2);
u = zeros(ynum,xnum,tnum);
```

```
% 初始条件
for i = 1：ynum
  for j = 1：xnum
    u(i,j,1) = sin(pi * x(j)) * sin(pi * y(i));
  end
end
% Crank - Nicolson 隐式差分法计算
for k = 2：tnum
  Ix = speye(xnum - 2); Iy = speye(ynum - 2);
  aa(1：ynum - 2 - 1) = -0.5 * Lamda/dy^2;
  bb(1：ynum - 2) = 1/dt + 0.5 * 2 * Lamda/dy^2 + 0.5 * 2 * Lamda/dx^2;
  A = diag(bb,0) + diag(aa, -1) + diag(aa,1);
  e = -0.5 * Lamda * ones(xnum - 2)/dx^2;
  B = spdiags([e e],[-1 1],xnum - 2,xnum - 2);
  L = kron(Ix,A) + kron(B,Iy);
  for i = 1：ynum - 2
    for j = 1：xnum - 2
      h = (j - 1) * (ynum - 2) + i;
      R(h,1) = u(i +1,j +1,k -1)/dt +0.5 * Lamda * ((u(i +1,j +1 +1,k -1)...
        -2 * u(i +1,j +1,k -1) + u(i +1,j +1 -1,k -1))/dx^2 + (u(i +1 +...
        1,j +1,k -1) -2 * u(i +1,j +1,k -1) + u(i +1 -1,j +1,k -1))/dy^2);
      if (i == 1 || i == ynum -2 || j == 1 || j == xnum -2)
        R(h,1) = R(h,1) -0;
      end
    end
  end
  uu = L\R;
  u(:,:,k) = zeros(ynum,xnum);
  u(:,1,k) = 0;
  u(:,xnum,k) = 0;
  u(1,:,k) = 0;
  u(ynum,:,k) = 0;
  u(2：ynum -1,2：xnum -1,k) = reshape(uu,ynum -2,xnum -2);
  % 图示隐式解
  surf(x,y,u(:,:,k));
```

```
colorbar;
title(['CN 隐式解: t = ',num2str((k - 1) * dt)]);
set(gca,'XLim',[0 1]);
set(gca,'YLim',[0 1]);
set(gca,'ZLim',[ - 1 1]);
xlabel('x');
ylabel('y');
zlabel('u');
drawnow;
pause(0.1);
end
```

利用上述程序计算并图示 $t = 0.2$ s, 0.4 s, 0.6 s, 0.8 s, 1.0 s 时的 Crank – Nicolson 隐式差分近似解(简称 CN 隐式解)和解析解, 如图 4.14 所示。

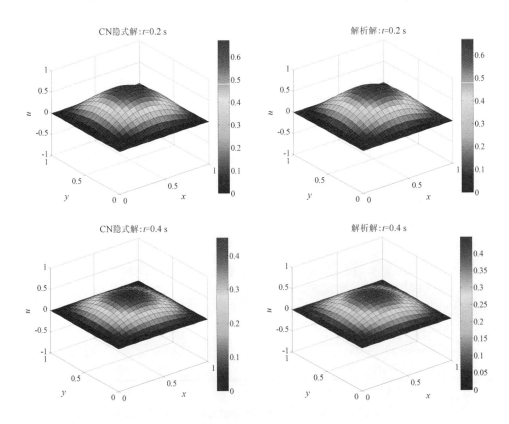

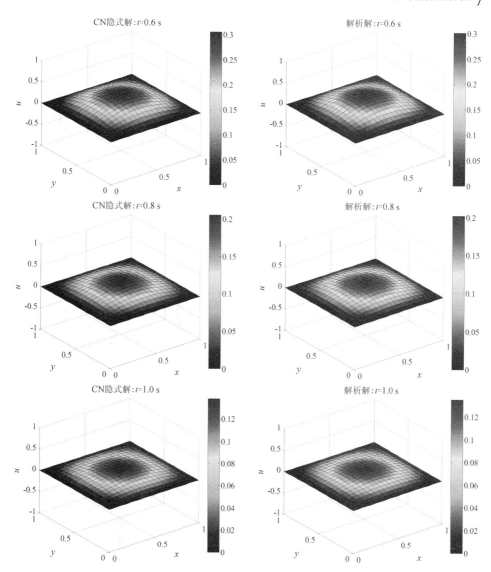

图 4.14 二维热传导方程的 Crank – Nicolson 隐式差分法计算结果

4.2.3 交替方向隐式差分格式

在二维热传导方程求解过程中，Crank – Nicolson 隐式差分格式虽然稳定，但在每一时间层上的差分近似处理将导出一个大型的线性方程组，且已不再是三对角线性方程组，进而导致计算工作量增大。为此，本节介绍交替方向隐式差分格式(简称 ADI 格式)。

我们在构造微分方程(4.12)的显式
格式和隐式格式时,对$\partial^2 u/\partial x^2$和$\partial^2 u/\partial y^2$
做了同样的处理,即同时在第k层取值或
同时在第$k+1$层取值。若对两个二阶导
数中的一个,比如$\partial^2 u/\partial x^2$,用第$k+1$层
上的未知值的二阶中心差商来代替u,而
$\partial^2 u/\partial y^2$用第$k$层上的已知值的二阶中心
差商来代替,这样得到的线性方程组仅仅
在x方向是隐式的,比较容易求解。为了
对称起见,在下一时间层上,重复上述步
骤,即对y方向是隐式的,对x方向是显
式的。这样,相邻的两个时间层合并起来
将构成一个差分格式。若我们在一个时
间层上完成上述两步差分处理(见
图4.15),则有

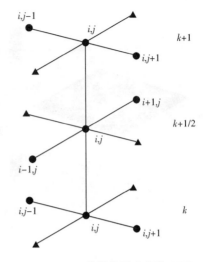

图 4.15　二维热传导方程的 ADI
隐式差分法结点示意图

$$\frac{u_{i,j}^{k+1/2} - u_{i,j}^k}{\Delta t/2} = c^2 \left[\frac{u_{i+1,j}^{k+1/2} - 2u_{i,j}^{k+1/2} + u_{i-1,j}^{k+1/2}}{(\Delta x)^2} + \frac{u_{i,j+1}^k - 2u_{i,j}^k + u_{i,j-1}^k}{(\Delta y)^2} \right] \quad (4.20)$$

$$\frac{u_{i,j}^{k+1} - u_{i,j}^{k+1/2}}{\Delta t/2} = c^2 \left[\frac{u_{i+1,j}^{k+1/2} - 2u_{i,j}^{k+1/2} + u_{i-1,j}^{k+1/2}}{(\Delta x)^2} + \frac{u_{i,j+1}^{k+1} - 2u_{i,j}^{k+1} + u_{i,j-1}^{k+1}}{(\Delta y)^2} \right] \quad (4.21)$$

在第一步与第二步差分处理过程中,对应的线性方程组均为三对角线性方程
组,其系数矩阵的非零元素分布分别见图4.16和图4.17。

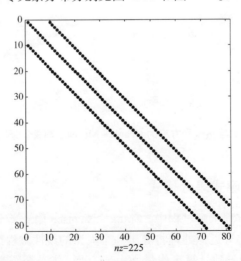

图 4.16　ADI 隐式差分第一步求解的线性方程组系数矩阵非零元素分布图

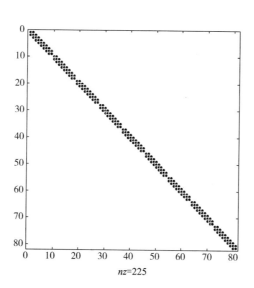

图 4.17 ADI 隐式差分第二步求解的线性方程组系数矩阵非零元素分布图

例 4.8 编制程序实现二维热传导混合问题的 ADI 隐式差分近似解:

$$\begin{cases} \dfrac{\partial u}{\partial t} = \dfrac{1}{\pi^2}\left(\dfrac{\partial^2 u}{\partial x^2} + \dfrac{\partial^2 u}{\partial y^2}\right), & 0 < x < 1,\ 0 < y < 1,\ t > 0 \\ u(0,\ y,\ t) = u(1,\ y,\ t) = 0, & 0 \leqslant y \leqslant 1,\ t \geqslant 0 \\ u(x,\ 0,\ t) = u(x,\ 1,\ t) = 0, & 0 \leqslant x \leqslant 1,\ t \geqslant 0 \\ u(x,\ y,\ 0) = \sin(\pi x)\sin(\pi y), & 0 \leqslant x \leqslant 1,\ 0 \leqslant y \leqslant 1 \end{cases}$$

解 取 $\Delta x = 0.05$, $\Delta y = 0.05$ 和 $\Delta t = 0.01$, ADI 隐式差分法的程序设计如下:

```
% ADI 隐式差分法计算第一类边界条件下的二维热传导方程
clear all;
xsize = 1;
ysize = 1;
tsize = 1;
xnum = 21;
ynum = 21;
tnum = 101;
dx = xsize/(xnum - 1);
dy = ysize/(ynum - 1);
dt = tsize/(tnum - 1);
x = 0 : dx : xsize;
```

```
y = 0 : dy : ysize ;
t = 0 : dt : tsize ;
Lamda = 1/pi/pi ; % Lamda = c^2
alpha = Lamda * dt * ( 1/dx^2 + 1/dy^2 ) ;
u = zeros( ynum , xnum , tnum ) ;
% 初始条件
for i = 1 : ynum
   for j = 1 : xnum
      u( i , j , 1 ) = sin( pi * x( j ) ) * sin( pi * y( i ) ) ;
   end
end
% ADI 隐式差分法计算
for k = 2 : tnum
   % 第一步:固定 y( i )
   Ix = speye( xnum - 2 ) ; Iy = speye( ynum - 2 ) ;
   bb( 1 : ynum - 2 ) = 2/dt + 2 * Lamda/dx^2 ;
   A = diag( bb , 0 ) ;
   e = - Lamda * ones( xnum - 2 )/dx^2 ;
   B = spdiags( [ e e ] , [ - 1 1 ] , xnum - 2 , xnum - 2 ) ;
   L = kron( Ix , A ) + kron( B , Iy ) ;
   for i = 1 : ynum - 2
      for j = 1 : xnum - 2
         h = ( j - 1 ) * ( ynum - 2 ) + i ;
         R( h , 1 ) = u( i + 1 , j + 1 , k - 1 )*2/dt + Lamda *( ( u( i + 1 + 1 , j + 1 , k - 1 ) - ...
            2 * u( i + 1 , j + 1 , k - 1 ) + u( i + 1 - 1 , j + 1 , k - 1 ) )/dy^2 ) ;
         if ( i == 1 | | i == ynum - 2 | | j == 1 | | j == xnum - 2 )
            R( h , 1 ) = R( h , 1 ) - 0 ;
         end
      end
   end
   uu = L\R ;
   ut( : , : , k - 1 ) = zeros( ynum , xnum ) ;
   ut( : , 1 , k - 1 ) = 0 ;
   ut( : , xnum , k - 1 ) = 0 ;
   ut( 1 , : , k - 1 ) = 0 ;
```

```
ut(ynum,:,k-1) = 0;
ut(2:ynum-1,2:xnum-1,k-1) = reshape(uu,ynum-2,xnum-2);
% 第二步:固定 x(j)
Ix = speye(xnum-2); Iy = speye(ynum-2);
aa(1:ynum-2-1) = -Lamda/dy^2;
bb(1:ynum-2) = 2/dt+2*Lamda/dy^2;
A = diag(bb,0)+diag(aa,-1)+diag(aa,1);
L = kron(Ix,A);
for i = 1:ynum-2
    for j = 1:xnum-2
        h = (j-1)*(ynum-2)+i;
        R(h,1) = ut(i+1,j+1,k-1)*2/dt+Lamda*((ut(i+1,j+1+1,k-1)-...
            2*ut(i+1,j+1,k-1)+ut(i+1,j+1-1,k-1))/dx^2);
        if (i==1||i==ynum-2||j==1||j==xnum-2)
            R(h,1) = R(h,1)-0;
        end
    end
end
uu = L\R;
u(:,:,k) = zeros(ynum,xnum);
u(:,1,k) = 0;
u(:,xnum,k) = 0;
u(1,:,k) = 0;
u(ynum,:,k) = 0;
u(2:ynum-1,2:xnum-1,k) = reshape(uu,ynum-2,xnum-2);
% 图示 ADI 隐式解
surf(x,y,u(:,:,k));
colorbar;
title(['ADI 隐式解: t = ',num2str((k-1)*dt)]);
set(gca,'XLim',[0 1]);
set(gca,'YLim',[0 1]);
set(gca,'ZLim',[-1 1]);
xlabel('x');
ylabel('y');
zlabel('u');
```

```
        drawnow;
        pause(0.1);
    end
```

利用上述程序计算并图示 $t = 0.2\,\mathrm{s}$, $0.4\,\mathrm{s}$, $0.6\,\mathrm{s}$, $0.8\,\mathrm{s}$, $1.0\,\mathrm{s}$ 时的 ADI 隐式差分近似解(简称 ADI 隐式解)和解析解, 如图 4.18 所示。

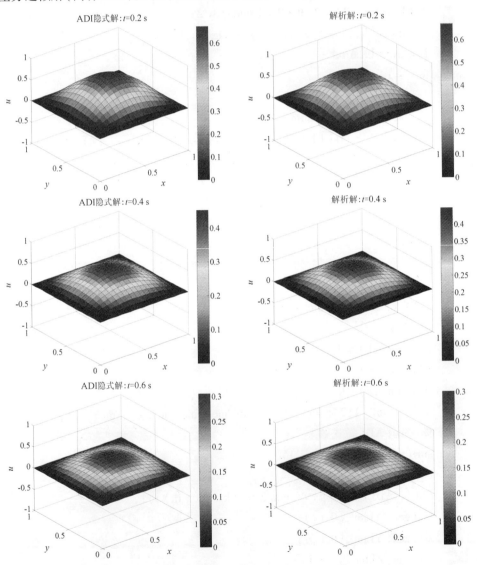

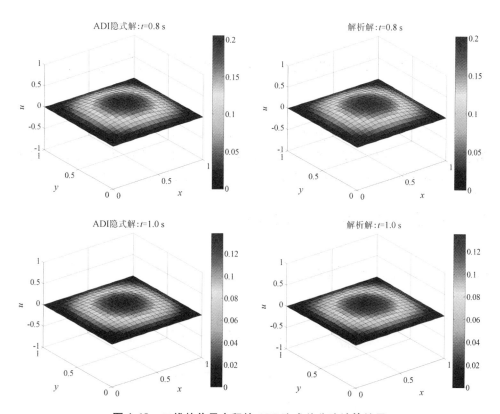

图 4.18　二维热传导方程的 ADI 隐式差分法计算结果

第 5 章　波动方程的有限差分法

波动方程是一类重要的偏微分方程, 也是一种最典型的双曲型方程, 它可以用来描述自然界以及工程技术中的波动现象。本章主要讨论有限差分法求解波动方程的定解问题, 包括一维和二维波动方程的显式差分解法和隐式差分解法。

5.1　一维波动方程的差分解法

5.1.1　一维显式差分格式

考虑下列波动方程的定解问题:

$$\begin{cases} \dfrac{\partial^2 u}{\partial t^2} = a^2 \dfrac{\partial^2 u}{\partial x^2}, \ 0 < x < L, \ 0 < t < T \\ u(x, 0) = \varphi_1(x), \ \dfrac{\partial u(x, 0)}{\partial t} = \varphi_2(x) \\ u(0, t) = g_1(t) \\ u(L, t) = g_2(t) \end{cases} \tag{5.1}$$

式中: a^2 为正常数。

首先, 将求解区域进行矩形网格离散化(见图 5.1), 则有

$$\begin{cases} x_i = i\Delta x, \ i = 0, 1, \cdots, N \\ t_k = k\Delta t, \ k = 0, 1, \cdots, M \end{cases}$$

式中: $\Delta x = \dfrac{L}{N}$, $\Delta t = \dfrac{T}{M}$。

令

$$u_{i, k} = u(x_i, t_k), \ i = 0, 1, \cdots, N; \ k = 0, 1, \cdots, M$$

则

$$\frac{\partial u^2(x, t)}{\partial t^2} \bigg|_{\substack{x = x_i \\ t = t_k}} \approx \frac{u(x_i, t_k + \Delta t) - 2u(x_i, t_k) + u(x_i, t_k - \Delta t)}{(\Delta t)^2}$$

$$= \frac{u_{i, k+1} - 2u_{i, k} + u_{i, k-1}}{(\Delta t)^2} \qquad (\text{二阶中心差商})$$

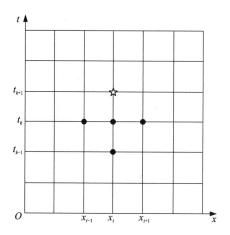

图 5.1　一维波动方程显式差分求解的网格离散化及结点图

$$\frac{\partial^2 u(x,\ t)}{\partial x^2}\bigg|_{\substack{x=x_i \\ t=t_k}} \approx \frac{u(x_i + \Delta x,\ t_k) - 2u(x_i,\ t_k) + u(x_i - \Delta x,\ t_k)}{(\Delta x)^2}$$

$$= \frac{u_{i+1,\ k} - 2u_{i,\ k} + u_{i-1,\ k}}{(\Delta x)^2} \qquad （二阶中心差商）$$

于是，定解问题(5.1)中的微分方程可化为差分方程

$$\frac{u_{i,\ k+1} - 2u_{i,\ k} + u_{i,\ k-1}}{(\Delta t)^2} = a^2 \frac{u_{i+1,\ k} - 2u_{i,\ k} + u_{i-1,\ k}}{(\Delta x)^2}$$

记 $\lambda = \dfrac{a^2\ (\Delta t)^2}{(\Delta x)^2}$，整理上式可得

$$u_{i,\ k+1} = \lambda u_{i-1,\ k} + 2(1-\lambda) u_{i,\ k} + \lambda u_{i+1,\ k} - u_{i,\ k-1} \qquad (5.2)$$

初始条件 $\dfrac{\partial u(x,\ 0)}{\partial t} = \varphi_2(x)$ 可以写为

$$\frac{u_{i,\ 1} - u_{i,\ 0}}{\Delta t} = \varphi_2(i\Delta x) \qquad （一阶向前差商）$$

即

$$u_{i,\ 1} = u_{i,\ 0} + \Delta t \varphi_2(i\Delta x) = \varphi_1(i\Delta x) + \Delta t \varphi_2(i\Delta x)$$

根据定解问题(5.1)中的初始条件和边界条件，可得一维波动方程的差分递推公式：

$$\begin{cases} u_{i,\ k+1} = \lambda u_{i-1,\ k} + 2(1-\lambda) u_{i,\ k} + \lambda u_{i+1,\ k} - u_{i,\ k-1} \\ u_{i,\ 0} = \varphi_1(i\Delta x),\ u_{i,\ 1} = \varphi_1(i\Delta x) + \Delta t \varphi_2(i\Delta x)\ (i=0,\ 1,\ \cdots,\ N) \\ u_{0,\ k} = g_1(k\Delta t)\ (k=0,\ 1,\ \cdots,\ M) \\ u_{N,\ k} = g_2(k\Delta t) \end{cases} \qquad (5.3)$$

从上式可以清楚地看到，第 $k+1$ 层上任意一点的值 $u_{i,\ k+1}$，可由第 k 层上 3

个相邻节点的值 $u_{i-1,k}$，$u_{i,k}$，$u_{i,k+1}$ 和第 $k-1$ 层上一点的值 $u_{i,k-1}$ 来确定，通常称这种差分格式为显式差分。

可以证明：当 $\lambda = \dfrac{a^2 (\Delta t)^2}{(\Delta x)^2} \leqslant 1$ 时（注：这个条件称为 Courant – Friedrichs – Lewy 条件，简称 C – F – L 条件），一维波动方程初边值问题(5.1)的显式差分格式(5.3)是稳定的。

例 5.1 利用显式有限差分计算下列一维波动方程定解问题的近似解：

$$\begin{cases} \dfrac{\partial^2 u}{\partial t^2} = \dfrac{\partial^2 u}{\partial x^2},\ 0 < x < 1,\ t > 0 \\ u(x,0) = 2\sin(\pi x),\ \dfrac{\partial u(x,0)}{\partial t} = -\sin(2\pi x) \\ u(0,t) = 0 \\ u(1,t) = 0 \end{cases}$$

解 利用分离变量法可得该定解问题的解析解为

$$u(x,t) = 2\sin\pi x\cos\pi t - \frac{1}{2\pi}\sin 2\pi x\sin 2\pi t$$

取 $M = 40$ 和 $N = 10$，$\lambda = 0.25 < 1$ 满足稳定性条件。下面给出利用显式差分格式计算的 Matlab 程序代码：

```
% 显式差分法计算第一类边界条件下的一维波动方程
clear all;
L = 1;
T = 2;
a = 1;
M = 40;
dt = T/M;
N = 10;
dx = L/N;
Lamda = (a*a)*(dt*dt)/(dx*dx);   % 稳定性条件（Lamda = <1）
% 初始条件
for i = 1:N+1
    x(i) = (i-1)*dx;
    u(i,1) = 2*sin(pi*x(i));
    u(i,2) = 2*sin(pi*x(i)) + dt*(-sin(2*pi*x(i)));
end
% 边界条件
for k = 1:M+1
```

```
    u(1,k) = 0;
    u(N+1,k) = 0;
    time(k) = (k-1)*dt;
end
% 显式差分法计算
for k = 2:M
for i = 2:N;
    u(i,k+1) = Lamda*(u(i-1,k)+u(i+1,k))+2*(1-Lamda)*...
        u(i,k)-u(i,k-1);
end
end
% 理论解析解表示
[xx,tt] = meshgrid(x,time);
for k = 1:length(time)
  for i = 1:length(x)
    u_true(i,k) = 2*cos(pi*tt(k))*sin(pi*x(i))...
        -sin(2*pi*tt(k))*sin(2*pi*x(i))/(2*pi);
  end
end
% 图示计算结果
subplot(211)
surf(x,time,u');
xlabel('x');
ylabel('t');
zlabel('u(x,t)');
title('差分近似解')
colorbar;
subplot(212)
surf(x,time,u_true');
xlabel('x');
ylabel('t');
zlabel('u(x,t)');
title('理论解析解')
colorbar;
```

程序执行结果如图 5.2 所示。

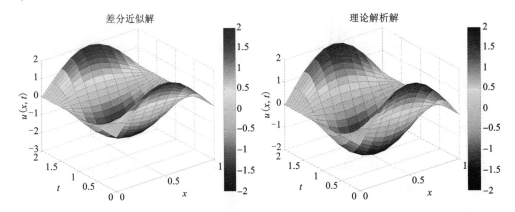

图 5.2　一维波动方程的显式差分法计算结果

5.1.2　一维隐式差分格式

从上面的讨论可以看到，用显式差分格式求解波动方程的定解问题，优点是计算比较简便，但是必须满足稳定性条件 $\lambda = a^2 (\Delta t)^2 / (\Delta x)^2 \leqslant 1$。为了提高数值解的精确度，必须缩小步长 Δx，此时 Δt 就相应地变得更小。这样，由于差分方程是按 t 增加的方向逐排求解的，这种逐排求解的步骤必须重复很多次，使得计算量大大增加，计算时间大大加长。这是显式差分格式存在的缺陷。为了避免这种缺点，这里介绍一种隐式差分格式。

将求解区域进行矩形网格离散化，隐式差分结点如图 5.3 所示，则有：

$$\frac{\partial u^2 (x,\ t)}{\partial t^2}\bigg|_{\substack{x=x_i \\ t=t_k}} \approx \frac{u_{i,\ k+1} - 2u_{i,\ k} + u_{i,\ k-1}}{(\Delta t)^2}$$

$$\frac{\partial^2 u(x,\ t)}{\partial x^2}\bigg|_{\substack{x=x_i \\ t=t_k}} \approx \frac{1}{2}\bigg[\frac{\partial^2 u(x,\ t)}{\partial x^2}\bigg|_{\substack{x=x_i \\ t=t_{k-1}}} + \frac{\partial^2 u(x,\ t)}{\partial x^2}\bigg|_{\substack{x=x_i \\ t=t_{k+1}}}\bigg]$$

$$= \frac{1}{2}\frac{u_{i+1,\ k-1} - 2u_{i,\ k-1} + u_{i-1,\ k-1}}{(\Delta x)^2} + \frac{1}{2}\frac{u_{i+1,\ k+1} - 2u_{i,\ k+1} + u_{i-1,\ k+1}}{(\Delta x)^2}$$

于是，定解问题(5.1)中的微分方程可化为差分方程

$$\frac{u_{i,\ k+1} - 2u_{i,\ k} + u_{i,\ k-1}}{(\Delta t)^2} = \frac{a^2}{2}\bigg[\frac{u_{i+1,\ k-1} - 2u_{i,\ k-1} + u_{i-1,\ k-1}}{(\Delta x)^2} + \frac{u_{i+1,\ k+1} - 2u_{i,\ k+1} + u_{i-1,\ k+1}}{(\Delta x)^2}\bigg]$$

记 $\lambda = \dfrac{a^2 (\Delta t)^2}{(\Delta x)^2}$，整理差分方程可得

$$-\frac{\lambda}{2}u_{i-1,\ k+1} + (1+\lambda)u_{i,\ k+1} - \frac{\lambda}{2}u_{i+1,\ k+1} =$$

$$2u_{i,\ k} + \bigg[\frac{\lambda}{2}u_{i-1,\ k-1} - (1+\lambda)u_{i-1,\ k-1} + \frac{\lambda}{2}u_{i+1,\ k-1}\bigg] \tag{5.4}$$

这种差分格式的解是稳定的，它是一个 3 层 7 点的隐式差分格式。

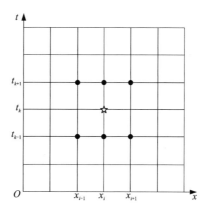

图 5.3　一维波动方程隐式差分求解的网格离散化及结点图

根据定解问题(5.1)中的初始条件和边界条件, 可得一维波动方程的隐式差分公式为

$$
\begin{cases}
-\dfrac{\lambda}{2}u_{i-1, k+1} + (1+\lambda)u_{i, k+1} - \dfrac{\lambda}{2}u_{i+1, k+1} \\
\qquad = 2u_{i, k} + \left[\dfrac{\lambda}{2}u_{i-1, k-1} - (1+\lambda)u_{i-1, k-1} + \dfrac{\lambda}{2}u_{i+1, k-1} \right] \\
u_{i, 0} = \varphi_1(i\Delta x), \ u_{i, 1} = \varphi_1(i\Delta x) + \Delta t\varphi_2(i\Delta x) \ (i = 0, 1, \cdots, N) \\
u_{0, k} = g_1(k\Delta t) \ (k = 0, 1, \cdots, M) \\
u_{N, k} = g_2(k\Delta t)
\end{cases}
\tag{5.5}
$$

若不考虑初始条件, 上式可以写成线性方程组(矩阵)形式:

$$
\begin{pmatrix}
1+\lambda & -\lambda/2 & & & \\
-\lambda/2 & 1+\lambda & -\lambda/2 & & \\
& & \ddots & & \\
& & -\lambda/2 & 1+\lambda & -\lambda/2 \\
& & & -\lambda/2 & 1+\lambda
\end{pmatrix}
\begin{pmatrix}
u_{1, k+1} \\
u_{2, k+1} \\
\vdots \\
u_{N-2, k+1} \\
u_{N-1, k+1}
\end{pmatrix}
=
\begin{pmatrix}
2 & & & \\
& 2 & & \\
& & \ddots & \\
& & & 2 \\
& & & & 2
\end{pmatrix}
\begin{pmatrix}
u_{1, k} \\
u_{2, k} \\
\vdots \\
u_{N-2, k} \\
u_{N-1, k}
\end{pmatrix}
+
$$

$$
\begin{pmatrix}
-1-\lambda & \lambda/2 & & & \\
\lambda/2 & -1-\lambda & \lambda/2 & & \\
& & \ddots & & \\
& & \lambda/2 & -1-\lambda & \lambda/2 \\
& & & \lambda/2 & -1-\lambda
\end{pmatrix}
\begin{pmatrix}
u_{1, k-1} \\
u_{2, k-1} \\
\vdots \\
u_{N-2, k-1} \\
u_{N-1, k-1}
\end{pmatrix}
+
\begin{pmatrix}
(\lambda/2)(u_{0, k-1} + u_{0, k+1}) \\
0 \\
\vdots \\
0 \\
(\lambda/2)(u_{N, k-1} + u_{N, k+1})
\end{pmatrix}
$$

$$
\tag{5.6}
$$

再根据定解问题(5.1)中的初始条件,求解线性方程组(5.6)即可得到不同时刻各节点的 u 值。

隐式差分格式所形成的线性方程组的系数矩阵具有稀疏形式,如图5.4所示。同时,该系数矩阵对称、正定。

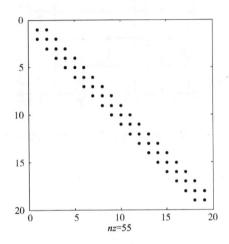

图5.4　一维波动方程隐式差分法计算形成的系数矩阵非零元素分布图

例5.2　利用隐式有限差分法计算下列一维波动方程定解问题的近似解:

$$\begin{cases} \dfrac{\partial^2 u}{\partial t^2} = \dfrac{\partial^2 u}{\partial x^2},\ 0 < x < 1,\ t > 0 \\ u(x,\ 0) = 2\sin(\pi x),\ \dfrac{\partial u(x,\ 0)}{\partial t} = -\sin(2\pi x) \\ u(0,\ t) = 0 \\ u(1,\ t) = 0 \end{cases}$$

解　利用分离变量法可得该定解问题的解析解为

$$u(x,\ t) = 2\sin\pi x\cos\pi t - \frac{1}{2\pi}\sin 2\pi x\sin 2\pi t$$

取 $M = 40$ 和 $N = 10$, $\lambda = 0.25 < 1$。下面给出利用隐式差分格式计算的 Matlab 程序代码:

```
%隐式差分法计算第一类边界条件下的一维波动方程
clear all;
L = 1;
T = 2;
a = 1;
```

```
M = 40;
dt = T/M;
N = 10;
dx = L/N;
Lamda = ( a * a ) * ( dt * dt )/( dx * dx );
% 初始条件
for i = 1 : N + 1
    x( i ) = ( i - 1 ) * dx;
    u( i,1 ) = 2 * sin( pi * x( i ) );
    u( i,2 ) = 2 * sin( pi * x( i ) ) + dt * ( - sin( 2 * pi * x( i ) ) );
end
% 边界条件
for k = 1 : M + 1
    u( 1,k ) = 0;
    u( N + 1,k ) = 0;
    time( k ) = ( k - 1 ) * dt;
end
% 隐式差分法计算
% 线性方程组左端项系数矩阵
aa( 1 : N - 2 ) = - Lamda/2;
bb( 1 : N - 1 ) = 1 + Lamda;
L = diag( bb,0 ) + diag( aa, - 1 ) + diag( aa,1 );
% 线性方程组右端项系数矩阵
I = eye( N - 1,N - 1 );
cc( 1 : N - 2 ) = Lamda/2;
dd( 1 : N - 1 ) = - 1 - Lamda;
A = diag( dd,0 ) + diag( cc, - 1 ) + diag( cc,1 );
b = zeros( N - 1,1 );
for k = 2 : M
    b( 1 ) = ( Lamda/2 ) * ( u( 1,k + 1 ) + u( 1,k - 1 ) );
    b( N - 1 ) = ( Lamda/2 ) * ( u( N + 1,k + 1 ) + u( N + 1,k - 1 ) );
    u( 2 : N,k + 1 ) = inv( L ) * ( 2 * I * u( 2 : N,k ) + A * u( 2 : N,k - 1 ) + b );
end
% 理论解析解表示
[ xx,tt ] = meshgrid( x,time );
```

```
for k = 1 : length( time )
  for i = 1 : length( x )
    u_true( i,k ) = 2 * cos( pi * tt( k ) ) * sin( pi * x( i ) )...
      − sin( 2 * pi * tt( k ) ) * sin( 2 * pi * x( i ) )/( 2 * pi );
  end
end
% 图示计算结果
subplot( 211 )
surf( x,time,u' );
xlabel( 'x' );
ylabel( 't' );
zlabel( 'u( x,t )' );
title( '隐式差分解' )
colorbar;
subplot( 212 )
surf( x,time,u_true' );
xlabel( 'x' );
ylabel( 't' );
zlabel( 'u( x,t )' );
title( '理论解析解' )
colorbar;
```

程序执行结果如图 5.5 所示。

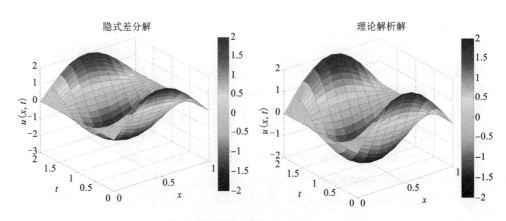

图 5.5　一维波动方程的隐式差分法计算结果

5.1.3　紧致差分格式

将求解区域进行矩形网格离散化，紧致隐式差分结点如图 5.6 所示，则有：

$$\frac{\partial u^2(x,\,t)}{\partial t^2}\bigg|_{\substack{x=x_i\\t=t_k}}\approx\frac{u_{i,\,k+1}-2u_{i,\,k}+u_{i,\,k-1}}{(\Delta t)^2}$$

$$\frac{\partial^2 u(x,\,t)}{\partial x^2}\bigg|_{\substack{x=x_i\\t=t_k}}\approx\frac{1}{4}\left[\frac{\partial^2 u(x,\,t)}{\partial x^2}\bigg|_{\substack{x=x_i\\t=t_{k-1}}}+2\frac{\partial^2 u(x,\,t)}{\partial x^2}\bigg|_{\substack{x=x_i\\t=t_k}}+\frac{\partial^2 u(x,\,t)}{\partial x^2}\bigg|_{\substack{x=x_i\\t=t_{k+1}}}\right]$$

$$=\frac{1}{4}\frac{u_{i+1,\,k-1}-2u_{i,\,k-1}+u_{i-1,\,k-1}}{(\Delta x)^2}+\frac{1}{2}\frac{u_{i+1,\,k}-2u_{i,\,k}+u_{i-1,\,k}}{(\Delta x)^2}+$$

$$\frac{1}{4}\frac{u_{i+1,\,k+1}-2u_{i,\,k+1}+u_{i-1,\,k+1}}{(\Delta x)^2}$$

于是，定解问题(5.1)中的微分方程可化为差分方程

$$\frac{u_{i,\,k+1}-2u_{i,\,k}+u_{i,\,k-1}}{(\Delta t)^2}=\frac{a^2}{4}\left[\frac{u_{i+1,\,k-1}-2u_{i,\,k-1}+u_{i-1,\,k-1}}{(\Delta x)^2}+\right.$$

$$\left.2\frac{u_{i+1,\,k}-2u_{i,\,k}+u_{i-1,\,k}}{(\Delta x)^2}+\frac{u_{i+1,\,k+1}-2u_{i,\,k+1}+u_{i-1,\,k+1}}{(\Delta x)^2}\right]$$

记 $\lambda=\dfrac{a^2(\Delta t)^2}{(\Delta x)^2}$，整理差分方程可得

$$-\frac{\lambda}{4}u_{i-1,\,k+1}+\left(1+\frac{\lambda}{2}\right)u_{i,\,k+1}-\frac{\lambda}{4}u_{i+1,\,k+1}=\left[\frac{\lambda}{2}u_{i-1,\,k}+(2-\lambda)u_{i-1,\,k}+\frac{\lambda}{2}u_{i+1,\,k}\right]+$$

$$\left[\frac{\lambda}{4}u_{i-1,\,k-1}-\left(1+\frac{\lambda}{2}\right)u_{i-1,\,k-1}+\frac{\lambda}{4}u_{i+1,\,k-1}\right]$$

$$(5.7)$$

这种差分格式的解是稳定的，它是一个 3 层 9 点的紧致隐式差分格式。

根据定解问题(5.1)中的初始条件和边界条件，可得一维波动方程的紧致隐式差分公式为

$$\begin{cases}-\dfrac{\lambda}{4}u_{i-1,\,k+1}+\left(1+\dfrac{\lambda}{2}\right)u_{i,\,k+1}-\dfrac{\lambda}{4}u_{i+1,\,k+1}=\left[\dfrac{\lambda}{2}u_{i-1,\,k}+(2-\lambda)u_{i-1,\,k}+\dfrac{\lambda}{2}u_{i+1,\,k}\right]+\\[2mm]\qquad\left[\dfrac{\lambda}{4}u_{i-1,\,k-1}-\left(1+\dfrac{\lambda}{2}\right)u_{i-1,\,k-1}+\dfrac{\lambda}{4}u_{i+1,\,k-1}\right]\\[2mm]u_{i,\,0}=\varphi_1(i\Delta x),\ u_{i,\,1}=\varphi_1(i\Delta x)+\Delta t\varphi_2(i\Delta x)\ (i=0,\,1,\,\cdots,\,N)\\[1mm]u_{0,\,k}=g_1(k\Delta t)\ (k=0,\,1,\,\cdots,\,M)\\[1mm]u_{N,\,k}=g_2(k\Delta t)\end{cases}$$

$$(5.8)$$

上式可以写成线性方程组(矩阵)形式：

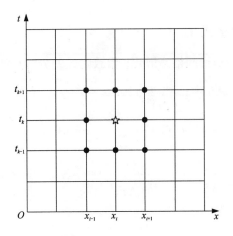

图5.6 一维波动方程紧致隐式差分求解的网格离散化及结点图

$$
\begin{pmatrix}
1+\lambda/2 & -\lambda/4 & & & \\
-\lambda/4 & 1+\lambda/2 & -\lambda/4 & & \\
& & \ddots & & \\
& & -\lambda/4 & 1+\lambda/2 & -\lambda/4 \\
& & & -\lambda/4 & 1+\lambda/2
\end{pmatrix}
\begin{pmatrix}
u_{1,k+1} \\
u_{2,k+1} \\
\vdots \\
u_{N-2,k+1} \\
u_{N-1,k+1}
\end{pmatrix}
=
\begin{pmatrix}
2-\lambda & \lambda/2 & & & \\
\lambda/2 & 2-\lambda & & & \\
& & \ddots & & \\
& & \lambda/2 & 2-\lambda & \lambda/2 \\
& & & \lambda/2 & 2-\lambda
\end{pmatrix}
$$

$$
\begin{pmatrix}
u_{1,k} \\
u_{2,k} \\
\vdots \\
u_{N-2,k} \\
u_{N-1,k}
\end{pmatrix}
+
\begin{pmatrix}
-1-\lambda/2 & \lambda/4 & & & \\
\lambda/4 & -1-\lambda/2 & \lambda/4 & & \\
& & \ddots & & \\
& \lambda/4 & -1-\lambda/2 & \lambda/4 & \\
& & \lambda/4 & -1-\lambda/2 &
\end{pmatrix}
\begin{pmatrix}
u_{1,k-1} \\
u_{2,k-1} \\
\vdots \\
u_{N-2,k-1} \\
u_{N-1,k-1}
\end{pmatrix}
+
$$

$$
\begin{pmatrix}
(\lambda/4)(u_{0,k-1}+2u_{0,k}+u_{0,k+1}) \\
0 \\
\vdots \\
0 \\
(\lambda/4)(u_{N,k-1}+2u_{N,k}+u_{N,k+1})
\end{pmatrix}
\tag{5.9}
$$

再根据定解问题(5.1)中的初始条件,求解线性方程组(5.9)即可得到不同时刻各节点的 u 值。

例5.3 利用紧致差分格式计算下列一维波动方程定解问题的近似解:

$$\begin{cases} \dfrac{\partial^2 u}{\partial t^2} = \dfrac{\partial^2 u}{\partial x^2},\ 0 < x < 1,\ t > 0 \\[2mm] u(x,\,0) = 2\sin(\pi x),\ \dfrac{\partial u(x,\,0)}{\partial t} = -\sin(2\pi x) \\[2mm] u(0,\,t) = 0 \\[2mm] u(1,\,t) = 0 \end{cases}$$

解　利用分离变量法可得该定解问题的解析解为

$$u(x,\,t) = 2\sin\pi x\cos\pi t - \frac{1}{2\pi}\sin 2\pi x\sin 2\pi t$$

取 $M = 40$ 和 $N = 10$，$\lambda = 0.25 < 1$。下面给出利用紧致差分格式计算的 Matlab 程序代码：

```
% 紧致差分格式计算第一类边界条件下的一维波动方程
clear all;
L = 1;
T = 2;
a = 1;
M = 40;
dt = T/M;
N = 10;
dx = L/N;
Lamda = (a*a)*(dt*dt)/(dx*dx);
% 初始条件
for i = 1:N+1
    x(i) = (i-1)*dx;
    u(i,1) = 2*sin(pi*x(i));
    u(i,2) = 2*sin(pi*x(i)) + dt*(-sin(2*pi*x(i)));
end
% 边界条件
for k = 1:M+1
    u(1,k) = 0;
    u(N+1,k) = 0;
    time(k) = (k-1)*dt;
end
% 紧致差分格式计算
% 线性方程组左端项系数矩阵
```

```
aa(1:N-2) = -Lamda/4;
bb(1:N-1) = 1 + Lamda/2;
L = diag(bb,0) + diag(aa,-1) + diag(aa,1);
% 线性方程组右端项系数矩阵
cc(1:N-2) = Lamda/2;
dd(1:N-1) = 2 - Lamda;
A = diag(dd,0) + diag(cc,-1) + diag(cc,1);
B = -L;
b = zeros(N-1,1);
for k = 2:M
    b(1) = (Lamda/4) * (u(1,k+1) + 2*u(1,k) + u(1,k-1));
    b(N-1) = (Lamda/4) * (u(N+1,k+1) + 2*u(N+1,k) + u(N+1,k-1));
    u(2:N,k+1) = inv(L) * (A*u(2:N,k) + B*u(2:N,k-1) + b);
end
% 理论解析解表示
[xx,tt] = meshgrid(x,time);
for k = 1:length(time)
    for i = 1:length(x)
        u_true(i,k) = 2*cos(pi*tt(k)) * sin(pi*x(i))...
            - sin(2*pi*tt(k)) * sin(2*pi*x(i))/(2*pi);
    end
end
% 图示计算结果
subplot(211)
surf(x,time,u');
xlabel('x');
ylabel('t');
zlabel('u(x,t)');
title('紧致差分解')
colorbar;
subplot(212)
surf(x,time,u_true');
xlabel('x');
ylabel('t');
zlabel('u(x,t)');
```

title('理论解析解')

colorbar;

程序执行结果如图 5.7 所示。

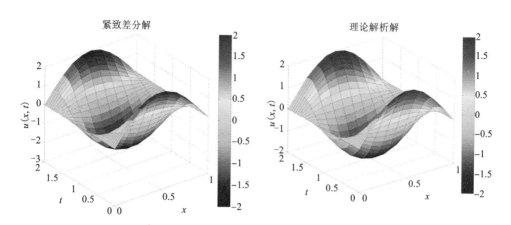

图 5.7　一维波动方程的隐式差分法计算结果

5.2　二维波动方程的差分解法

5.2.1　二维显式差分格式

对于二维波动方程的定解问题，我们考虑如下 Dirichlet 边界问题条件的定解问题：

$$
\begin{cases}
\dfrac{\partial^2 u}{\partial t^2} = c^2 \left(\dfrac{\partial^2 u}{\partial x^2} + \dfrac{\partial^2 u}{\partial y^2} \right), & 0 < x < a,\ 0 < y < b,\ t > 0 \\[2mm]
u(0,\ y,\ t) = g_1(y,\ t),\ u(a,\ y,\ t) = g_2(y,\ t), & 0 \leqslant y \leqslant b,\ t \geqslant 0 \\[2mm]
u(x,\ 0,\ t) = h_1(x,\ t),\ u(x,\ b,\ t) = h_2(x,\ t), & 0 \leqslant x \leqslant a,\ t \geqslant 0 \\[2mm]
u(x,\ y,\ 0) = f_1(x,\ y), & 0 \leqslant x \leqslant a,\ 0 \leqslant y \leqslant b \\[2mm]
\dfrac{\partial}{\partial y} u(x,\ y,\ 0) = f_2(x,\ y), & 0 \leqslant x \leqslant a,\ 0 \leqslant y \leqslant b
\end{cases}
$$

(5.10)

取 $0 \leqslant t \leqslant T$，首先将求解区域进行网格离散化(见图 5.8)，则有

$$\begin{cases} x_i = i\Delta x,\ i = 0,\ 1,\ \cdots,\ N_1 \\ y_j = j\Delta y,\ j = 0,\ 1,\ \cdots,\ N_2 \\ t_k = k\Delta t,\ k = 0,\ 1,\ \cdots,\ N_3 \end{cases}$$

式中：$\Delta x = \dfrac{a}{N_1}$，$\Delta y = \dfrac{b}{N_2}$，$\Delta t = \dfrac{T}{N_3}$。

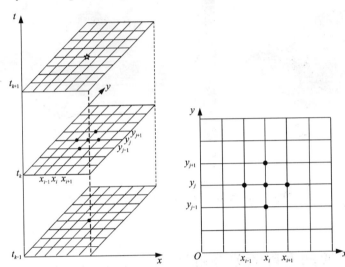

图 5.8　二维波动方程显式差分求解的网格离散化及结点图

令

$u_{i,j}^k = u(x_i,\ y_j,\ t_k)$，$i = 0,\ 1,\ \cdots,\ N_1$；$j = 0,\ 1,\ \cdots,\ N_2$；$k = 0,\ 1,\ \cdots,\ N_3$

则

$$\frac{\partial^2 u(x,\ y,\ t)}{\partial t^2}\bigg|_{\substack{x=x_i \\ y=y_j \\ t=t_k}} \approx \frac{u(x_i,\ y_j,\ t_k + \Delta t) - 2u(x_i,\ y_j,\ t_k) + u(x_i,\ y_j,\ t_k - \Delta t)}{(\Delta t)^2}$$

$$= \frac{u_{i,j}^{k+1} - 2u_{i,j}^k + u_{i,j}^{k-1}}{(\Delta t)^2}$$

$$\frac{\partial^2 u(x,\ y,\ t)}{\partial x^2}\bigg|_{\substack{x=x_i \\ y=y_j \\ t=t_k}} \approx \frac{u(x_i + \Delta x,\ y_j,\ t_k) - 2u(x_i,\ y_j,\ t_k) + u(x_i - \Delta x,\ y_j,\ t_k)}{(\Delta x)^2}$$

$$= \frac{u_{i+1,j}^k - 2u_{i,j}^k + u_{i-1,j}^k}{(\Delta x)^2}$$

$$\frac{\partial^2 u(x,\ y,\ t)}{\partial y^2}\bigg|_{\substack{x=x_i \\ y=y_j \\ t=t_k}} \approx \frac{u(x_i,\ y_j + \Delta y,\ t_k) - 2u(x_i,\ y_j,\ t_k) + u(x_i,\ y_j - \Delta y,\ t_k)}{(\Delta y)^2}$$

$$= \frac{u_{i,j+1}^k - 2u_{i,j}^k + u_{i,j-1}^k}{(\Delta y)^2}$$

于是，定解问题(5.10)中的微分方程可化为差分方程

$$\frac{u_{i,j}^{k+1} - 2u_{i,j}^{k} + u_{i,j}^{k-1}}{(\Delta t)^2} = c^2 \left[\frac{u_{i+1,j}^{k} - 2u_{i,j}^{k} + u_{i-1,j}^{k}}{(\Delta x)^2} + \frac{u_{i,j+1}^{k} - 2u_{i,j}^{k} + u_{i,j-1}^{k}}{(\Delta y)^2} \right]$$

即

$$u_{i,j}^{k+1} = 2u_{i,j}^{k} - u_{i,j}^{k-1} + c^2 (\Delta t)^2 \left[\frac{u_{i+1,j}^{k} - 2u_{i,j}^{k} + u_{i-1,j}^{k}}{(\Delta x)^2} + \frac{u_{i,j+1}^{k} - 2u_{i,j}^{k} + u_{i,j-1}^{k}}{(\Delta y)^2} \right]$$

$$(5.11)$$

根据定解问题(5.10)中的初始条件和边界条件，可得二维热传导方程的差分递推公式：

$$\begin{cases} u_{i,j}^{k+1} = 2u_{i,j}^{k} - u_{i,j}^{k-1} + c^2 (\Delta t)^2 \left[\dfrac{u_{i+1,j}^{k} - 2u_{i,j}^{k} + u_{i-1,j}^{k}}{(\Delta x)^2} + \dfrac{u_{i,j+1}^{k} - 2u_{i,j}^{k} + u_{i,j-1}^{k}}{(\Delta y)^2} \right] \\ u_{0,j}^{k} = g_1(j\Delta y, k\Delta t) \ (j = 0, 1, \cdots, N_2; k = 0, 1, \cdots, N_3) \\ u_{N_1,j}^{k} = g_2(j\Delta y, k\Delta t) \\ u_{i,0}^{k} = h_1(i\Delta x, k\Delta t) \ (i = 0, 1, \cdots, N_1; k = 0, 1, \cdots, N_3) \\ u_{i,N_2}^{k} = h_2(i\Delta x, k\Delta t) \\ u_{i,j}^{0} = f_1(i\Delta x, j\Delta y) \ (i = 0, 1, \cdots, N_1; j = 0, 1, \cdots, N_2) \\ u_{i,j}^{1} = f_2(i\Delta x, j\Delta y) \end{cases}$$

$$(5.12)$$

可以清楚地看到，根据初始条件与边界条件，差分方程(5.12)可按 t 增加的方向逐排求解。很明显，式(5.12)是一种显式差分格式，其稳定性条件为

$$\alpha = c^2 (\Delta t)^2 \left[\frac{1}{(\Delta x)^2} + \frac{1}{(\Delta y)^2} \right] \leqslant 1 \qquad (5.13)$$

例 5.4 编制程序实现下列第一类边界条件下二维波动方程的显式差分近似解：

$$\begin{cases} \dfrac{\partial^2 u}{\partial t^2} = \dfrac{1}{2} \left(\dfrac{\partial^2 u}{\partial x^2} + \dfrac{\partial^2 u}{\partial y^2} \right), \ 0 < x < 1, \ 0 < y < 1, \ t > 0 \\ u(0, y, t) = u(1, y, t) = 0 \\ u(x, 0, t) = u(x, 1, t) = 0 \\ u(x, y, 0) = \sin(\pi x)\sin(\pi y) \\ \dfrac{\partial}{\partial t} u(x, y, 0) = 0 \end{cases}$$

解 （1）利用分离变量法可得该定解问题的解析解为

$$u(x, y, t) = \sin(\pi x)\sin(\pi y)\cos(\pi t)$$

取 $0 \leqslant t \leqslant 2$，图示解析解的 Matlab 程序代码如下：

```
clear all;
dx = 0.05;
dy = 0.05;
dt = 0.01;
x = 0 : dx : 1;
y = 0 : dy : 1;
t = 0 : dt : 2;
[X,Y] = meshgrid(x,y);
u = zeros(size(y,2),size(x,2),size(t,2));
for k = 1 : size(t,2)
    u(:,:,k) = sin(pi * X). * sin(pi * Y) * cos(pi * t(k));
    % 图示解析解
    surf(x,y,u(:,:,k));
    colorbar;
    title(['解析解: t = ', num2str((k - 1) * dt)]);
    set(gca,'XLim',[0 1]);
    set(gca,'YLim',[0 1]);
    set(gca,'ZLim',[ - 1 1]);
    xlabel('x');
    ylabel('y');
    zlabel('u(x,y,t)');
    drawnow;
    pause(0.1);
end
```

(2) 显式差分近似解。取 $\Delta x = \Delta y = 0.05$ 和 $\Delta t = 0.01$, 这时 $\alpha = 0.04 < 1$ 满足稳定性条件, Matlab 程序代码如下:

```
% 显式差分法计算第一类边界条件下的二维波动方程
clear all;
xsize = 1;
ysize = 1;
tsize = 2;
xnum = 21;
ynum = 21;
tnum = 201;
dx = xsize/(xnum - 1);
```

```
dy = ysize/( ynum − 1 ) ;
dt = tsize/( tnum − 1 ) ;
x = 0 : dx : xsize ;
y = 0 : dy : ysize ;
t = 0 : dt : tsize ;
Lamda = 1/2 ;% Lamda = c^2
alpha = Lamda ∗ dt^2 ∗ ( 1/dx^2 + 1/dy^2 ) ;% 稳定性条件（ alpha = < 1）
u = zeros( ynum, xnum, tnum ) ;
% 初始条件
for i = 1 : ynum
    for j = 1 : xnum
        u( i, j, 1 ) = sin( pi ∗ x( j ) ) ∗ sin( pi ∗ y( i ) ) ;
        u( i, j, 2 ) = sin( pi ∗ x( j ) ) ∗ sin( pi ∗ y( i ) ) + 0 ∗ dt ;
    end
end
% 边界条件
for k = 1 : tnum
    u( 1 , : , k ) = 0 ;
    u( ynum, : , k ) = 0 ;
    u( : , 1 , k ) = 0 ;
    u( : , xnum, k ) = 0 ;
end
% 显式差分数值解
for k = 3 : tnum
    for i = 2 : ynum − 1
        for j = 2 : xnum − 1
            u( i, j, k ) = dt^2 ∗ Lamda ∗ ( ( u( i, j − 1, k − 1 ) − 2 ∗ u( i, j, k − 1 ) + ...
                u( i, j + 1, k − 1 ) )/dx^2 + ( u( i − 1, j, k − 1 ) − 2 ∗ u( i, j, k − 1 ) + ...
                u( i + 1, j, k − 1 ) )/dy^2 ) − u( i, j, k − 2 ) + 2 ∗ u( i, j, k − 1 ) ;
        end
    end
end
% 图示计算结果
for k = 1 : tnum
    surf( x, y, u( : , : , k ) ) ;
```

```
colorbar;
title(['显式解: t =', num2str((k - 1) * dt)]);
set(gca,'XLim',[0 1]);
set(gca,'YLim',[0 1]);
set(gca,'ZLim',[-1 1]);
xlabel('x');
ylabel('y');
zlabel('u(x,y,t)');
drawnow;
pause(0.1);
end
```

利用上述程序计算并图示 $t = 0.2$ s，0.4 s，0.6 s，0.8 s，1.0 s，1.2 s，1.4 s，1.6 s，1.8 s 和 2.0 s 时的显式差分近似解和理论解析解，如图 5.9 所示。从图上可以看出：满足稳定性条件的显式差分数值解（简称显式解）与理论解析解（简称解析解）吻合得很好。

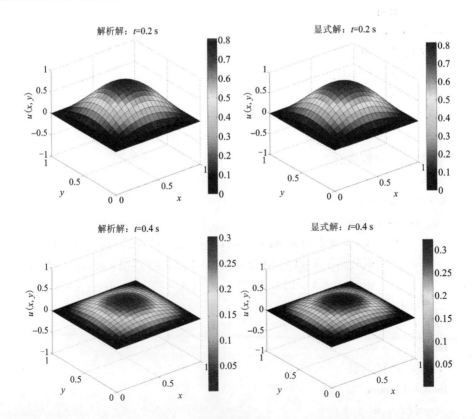

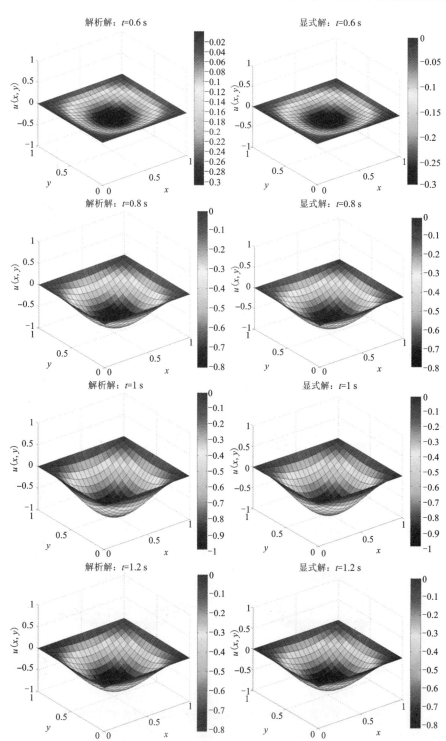

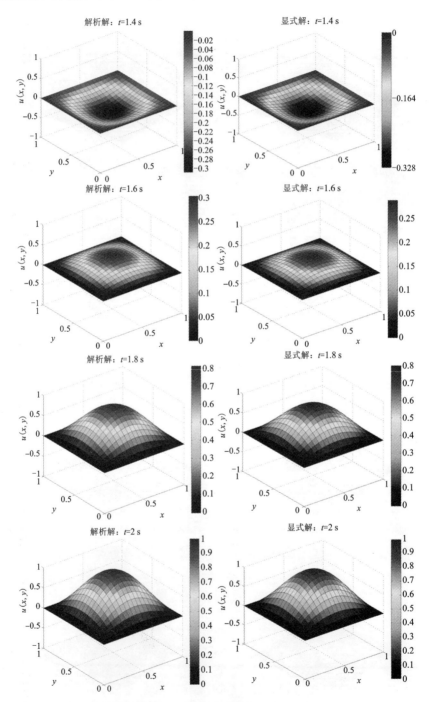

图 5.9   第一类边界条件下二维波动方程的显式差分法计算结果

5.2.2　二维隐式差分格式

利用显式差分格式求解二维波动方程的定解问题，优点是计算比较简便，但是由于必须满足稳定性条件 $\alpha = c^2 \ (\Delta t)^2 \left[\dfrac{1}{(\Delta x)^2} + \dfrac{1}{(\Delta y)^2} \right] \leqslant 1$。为了提高数值解的精确度，必须缩小步长 Δx 和 Δy，此时 Δt 就相应地变得更小。为了避免这种缺点，下面介绍求解二维波动方程的隐式差分格式。

将求解区域进行网格离散化，隐式差分结点如图 5.10 所示，则有：

$$\frac{\partial u(x,\,y,\,t)}{\partial t}\bigg|_{\substack{x=x_i\\y=y_j\\t=t_k}} \approx \frac{u(x_i,\,y_j,\,t_k+\Delta t) - 2u(x_i,\,y_j,\,t_k) + u(x_i,\,y_j,\,t_k-\Delta t)}{(\Delta t)^2}$$

$$= \frac{u_{i,j}^{k+1} - 2u_{i,j}^{k} + u_{i,j}^{k-1}}{(\Delta t)^2}$$

$$\frac{\partial^2 u(x,\,y,\,t)}{\partial x^2}\bigg|_{\substack{x=x_i\\y=y_j\\t=t_k}} \approx \frac{1}{2}\left[\frac{\partial^2 u(x,\,y,\,t)}{\partial x^2}\bigg|_{\substack{x=x_i\\y=y_j\\t=t_{k-1}}} + \frac{\partial^2 u(x,\,y,\,t)}{\partial x^2}\bigg|_{\substack{x=x_i\\y=y_j\\t=t_{k+1}}} \right]$$

$$= \frac{1}{2}\frac{u_{i+1,j}^{k-1} - 2u_{i,j}^{k-1} + u_{i-1,j}^{k-1}}{(\Delta x)^2} + \frac{1}{2}\frac{u_{i+1,j}^{k+1} - 2u_{i,j}^{k+1} + u_{i-1,j}^{k+1}}{(\Delta x)^2}$$

$$\frac{\partial^2 u(x,\,y,\,t)}{\partial y^2}\bigg|_{\substack{x=x_i\\y=y_j\\t=t_k}} \approx \frac{1}{2}\left[\frac{\partial^2 u(x,\,y,\,t)}{\partial y^2}\bigg|_{\substack{x=x_i\\y=y_j\\t=t_{k-1}}} + \frac{\partial^2 u(x,\,y,\,t)}{\partial y^2}\bigg|_{\substack{x=x_i\\y=y_j\\t=t_{k+1}}} \right]$$

$$= \frac{1}{2}\frac{u_{i,j+1}^{k-1} - 2u_{i,j}^{k-1} + u_{i,j-1}^{k-1}}{(\Delta y)^2} + \frac{1}{2}\frac{u_{i,j+1}^{k+1} - 2u_{i,j}^{k+1} + u_{i,j-1}^{k+1}}{(\Delta y)^2}$$

于是，定解问题(5.7)中的微分方程可化为差分方程

$$\frac{u_{i,j}^{k+1} - 2u_{i,j}^{k} + u_{i,j}^{k-1}}{(\Delta t)^2} = \frac{c^2}{2}\left[\frac{u_{i+1,j}^{k-1} - 2u_{i,j}^{k-1} + u_{i-1,j}^{k-1}}{(\Delta x)^2} + \frac{u_{i+1,j}^{k+1} - 2u_{i,j}^{k+1} + u_{i-1,j}^{k+1}}{(\Delta x)^2} + \right.$$

$$\left. \frac{u_{i,j+1}^{k-1} - 2u_{i,j}^{k-1} + u_{i,j-1}^{k-1}}{(\Delta y)^2} + \frac{u_{i,j+1}^{k+1} - 2u_{i,j}^{k+1} + u_{i,j-1}^{k+1}}{(\Delta y)^2} \right]$$

$$(5.14)$$

若取 $\alpha_x = \dfrac{c^2 \ (\Delta t)^2}{(\Delta x)^2}$ 和 $\alpha_y = \dfrac{c^2 \ (\Delta t)^2}{(\Delta y)^2}$，上式整理后可得

$$-\frac{\alpha_x}{2}u_{i+1,j}^{k+1} - \frac{\alpha_x}{2}u_{i-1,j}^{k+1} - \frac{\alpha_y}{2}u_{i,j+1}^{k+1} - \frac{\alpha_y}{2}u_{i,j-1}^{k+1} + (1+\alpha_x+\alpha_y)u_{i,j}^{k+1} = 2u_{i,j}^{k} +$$

$$\left[\frac{\alpha_x}{2}u_{i+1,j}^{k-1} + \frac{\alpha_x}{2}u_{i-1,j}^{k-1} + \frac{\alpha_y}{2}u_{i,j+1}^{k-1} + \frac{\alpha_y}{2}u_{i,j-1}^{k-1} - (1+\alpha_x+\alpha_y)u_{i,j}^{k-1} \right]$$

$$(5.15)$$

这种差分格式的解是稳定的，它是一个 3 层 11 点的隐式差分格式。

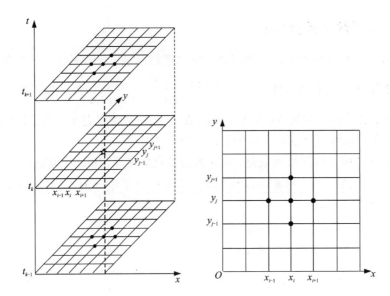

图 5.10　二维波动方程隐式差分求解的网格离散化及结点图

根据定解问题(5.10)中的初始条件和边界条件,可得二维波动方程的隐式差分计算表达式:

$$
\begin{cases}
-\dfrac{\alpha_x}{2}u_{i+1,j}^{k+1}-\dfrac{\alpha_x}{2}u_{i-1,j}^{k+1}-\dfrac{\alpha_y}{2}u_{i,j+1}^{k+1}-\dfrac{\alpha_y}{2}u_{i,j-1}^{k+1}+(1+\alpha_x+\alpha_y)u_{i,j}^{k+1}=2u_{i,j}^{k}+\\[2mm]
\quad\left[\dfrac{\alpha_x}{2}u_{i+1,j}^{k-1}+\dfrac{\alpha_x}{2}u_{i-1,j}^{k-1}+\dfrac{\alpha_y}{2}u_{i,j+1}^{k-1}+\dfrac{\alpha_y}{2}u_{i,j-1}^{k-1}-(1+\alpha_x+\alpha_y)u_{i,j}^{k-1}\right]\\[2mm]
u_{0,j}^{k}=g_1(j\Delta y,\,k\Delta t)\ (j=0,\,1,\,\cdots,\,N_2;\ k=0,\,1,\,\cdots,\,N_3)\\[1mm]
u_{N_1,j}^{k}=g_2(j\Delta y,\,k\Delta t)\\[1mm]
u_{i,0}^{k}=h_1(i\Delta x,\,k\Delta t)\ (i=0,\,1,\,\cdots,\,N_1;\ k=0,\,1,\,\cdots,\,N_3)\\[1mm]
u_{i,N_2}^{k}=h_2(i\Delta x,\,k\Delta t)\\[1mm]
u_{i,j}^{0}=f_1(i\Delta x,\,j\Delta y)\ (i=0,\,1,\,\cdots,\,N_1;\ j=0,\,1,\,\cdots,\,N_2)\\[1mm]
u_{i,j}^{1}=f_2(i\Delta x,\,j\Delta y)
\end{cases}
$$

$$(5.16)$$

与二维泊松方程的差分解法类似,需要将 u 写成一维数组。这样,我们就可以将式(5.16)写成线性方程组(矩阵)形式,然后求解线性方程组即可得到不同时刻各节点处的 u 值。同时,线性方程组的系数矩阵具有对称稀疏形式,如图 5.11 所示。

例 5.5　编制程序实现下列第一类边界条件下二维波动方程的隐式差分近似解:

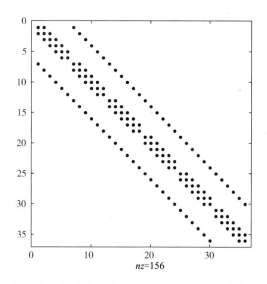

图 5.11　二维波动方程隐式差分法计算形成的系数矩阵非零元素分布图

$$\begin{cases} \dfrac{\partial^2 u}{\partial t^2} = \dfrac{1}{2}\left(\dfrac{\partial^2 u}{\partial x^2} + \dfrac{\partial^2 u}{\partial y^2} \right), \ 0 < x < 1, \ 0 < y < 1, \ t > 0 \\[2mm] u(0, \ y, \ t) = u(1, \ y, \ t) = 0 \\[1mm] u(x, \ 0, \ t) = u(x, \ 1, \ t) = 0 \\[1mm] u(x, \ y, \ 0) = \sin(\pi x)\sin(\pi y) \\[1mm] \dfrac{\partial}{\partial t} u(x, \ y, \ 0) = 0 \end{cases}$$

解　取 $\Delta x = \Delta y = 0.05$ 和 $\Delta t = 0.01$，隐式差分计算的 Matlab 程序代码如下：

```
%隐式差分法计算第一类边界条件下的二维波动方程
clear all;
xsize = 1;
ysize = 1;
tsize = 2;
xnum = 21;
ynum = 21;
tnum = 201;
dx = xsize/(xnum − 1);
dy = ysize/(ynum − 1);
dt = tsize/(tnum − 1);
```

```
x = 0 : dx : xsize ;
y = 0 : dy : ysize ;
t = 0 : dt : tsize ;
Lamda = 1/2 ; % Lamda = c^2
alpha_x = Lamda * dt * dt/dx/dx ;
alpha_y = Lamda * dt * dt/dy/dy ;
u = zeros( ynum , xnum , tnum ) ;
% 初始条件
for i = 1 : ynum
    for j = 1 : xnum
        u( i , j , 1 ) = sin( pi * x( j ) ) * sin( pi * y( i ) ) ;
        u( i , j , 2 ) = sin( pi * x( j ) ) * sin( pi * y( i ) ) + 0 * dt ;
    end
end
% 边界条件
for k = 1 : tnum
    u( 1 , : , k ) = 0 ;
    u( ynum , : , k ) = 0 ;
    u( : , 1 , k ) = 0 ;
    u( : , xnum , k ) = 0 ;
end
% 隐式差分法计算
for k = 3 : tnum
    % 方程组左端项矩阵
    Ix = speye( xnum - 2 ) ; Iy = speye( ynum - 2 ) ;
    aa( 1 : ynum - 2 - 1 ) = - alpha_y/2 ;
    bb( 1 : ynum - 2 ) = ( 1 + alpha_x + alpha_y ) ;
    A = diag( bb , 0 ) + diag( aa , - 1 ) + diag( aa , 1 ) ;
    e = ( - alpha_x/2 ) * ones( xnum - 2 ) ;
    B = spdiags( [ e e ] , [ - 1 1 ] , xnum - 2 , xnum - 2 ) ;
    L = kron( Ix , A ) + kron( B , Iy ) ;
    % 方程组右端项向量
    for i = 1 : ynum - 2
        for j = 1 : xnum - 2
            h = ( j - 1 ) * ( ynum - 2 ) + i ;
```

```
      R(h,1) = 2*u(i+1,j+1,k-1)+(alpha_x/2)*...
      u(i+1+1,j+1,k-2)+(alpha_x/2)*u(i+1-1,j+1,k-2)+...
      (alpha_y/2)*u(i+1,j+1+1,k-2)+(alpha_y/2)*...
      u(i+1,j+1-1,k-2)-(1+alpha_x+alpha_y)*u(i+1,j+1,k-2);
      if(i==1||i==ynum-2||j==1||j==xnum-2)
        R(h,1) = R(h,1)+0;
      end
    end
  end
  uu = L\R;
  u(2:ynum-1,2:xnum-1,k) = reshape(uu,ynum-2,xnum-2);
end
% 图示计算结果
for k = 1:tnum
  surf(x,y,u(:,:,k));
  colorbar;
  title(['隐式解: t = ',num2str((k-1)*dt)]);
  set(gca,'XLim',[0 1]);
  set(gca,'YLim',[0 1]);
  set(gca,'ZLim',[-1 1]);
  xlabel('x');
  ylabel('y');
  zlabel('u(x,y,t)');
  drawnow;
  pause(0.1);
end
```

利用上述程序计算并图示 $t = 0.2\,\text{s}$, $0.4\,\text{s}$, $0.6\,\text{s}$, $0.8\,\text{s}$, $1.0\,\text{s}$, $1.2\,\text{s}$, $1.4\,\text{s}$, $1.6\,\text{s}$, $1.8\,\text{s}$ 和 $2.0\,\text{s}$ 时的隐式差分近似解和理论解析解，如图 5.12 所示。从图上可以看出：隐式解与解析解吻合得很好。

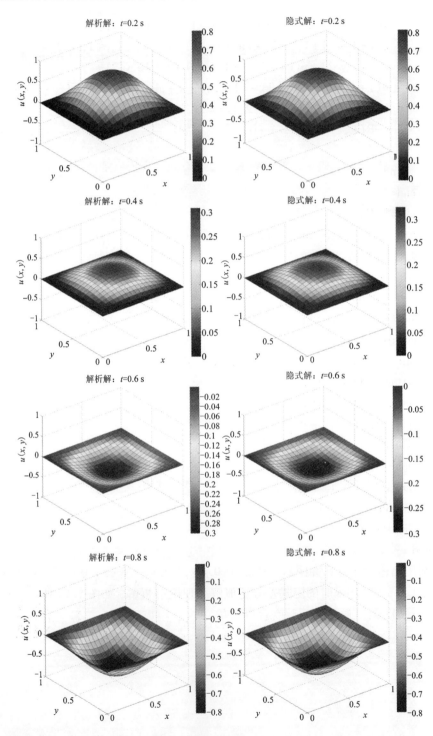

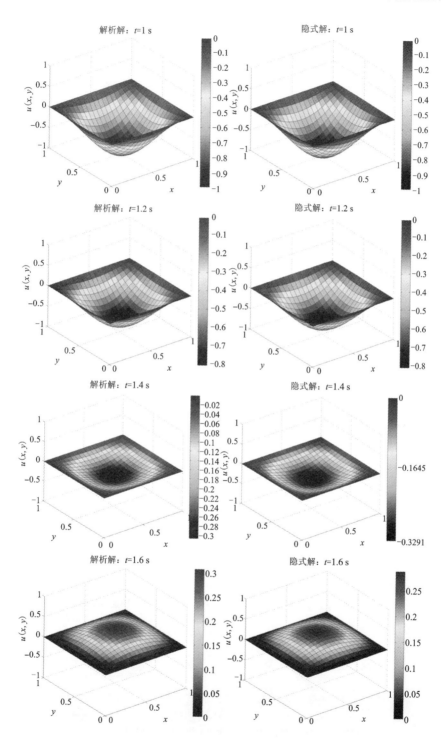

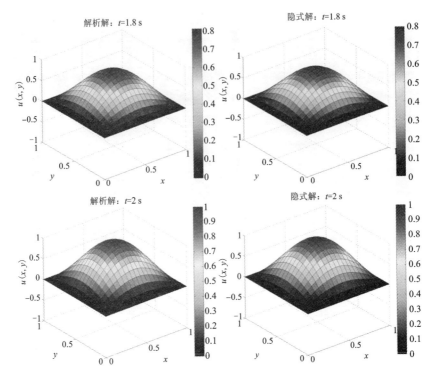

图 5.12　第一类边界条件下二维波动方程的隐式差分法计算结果

5.2.3　二维紧致差分格式

将求解区域进行矩形网格离散化,紧致隐式差分结点如图 5.13 所示,则有:

$$\frac{\partial u(x,y,t)}{\partial t}\bigg|_{\substack{x=x_i\\y=y_j\\t=t_k}} \approx \frac{u_{i,j}^{k+1}-2u_{i,j}^k+u_{i,j}^{k-1}}{(\Delta t)^2}$$

$$\frac{\partial^2 u(x,y,t)}{\partial x^2}\bigg|_{\substack{x=x_i\\y=y_j\\t=t_k}} \approx \frac{1}{4}\left[\frac{\partial^2 u(x,y,t)}{\partial x^2}\bigg|_{\substack{x=x_i\\y=y_j\\t=t_{k-1}}} + 2\frac{\partial^2 u(x,y,t)}{\partial x^2}\bigg|_{\substack{x=x_i\\y=y_j\\t=t_k}} + \frac{\partial^2 u(x,y,t)}{\partial x^2}\bigg|_{\substack{x=x_i\\y=y_j\\t=t_{k+1}}}\right]$$

$$=\frac{1}{4}\frac{u_{i+1,j}^{k-1}-2u_{i,j}^{k-1}+u_{i-1,j}^{k-1}}{(\Delta x)^2}+\frac{1}{2}\frac{u_{i+1,j}^k-2u_{i,j}^k+u_{i-1,j}^k}{(\Delta x)^2}+\frac{1}{4}\frac{u_{i+1,j}^{k+1}-2u_{i,j}^{k+1}+u_{i-1,j}^{k+1}}{(\Delta x)^2}$$

$$\frac{\partial^2 u(x,y,t)}{\partial y^2}\bigg|_{\substack{x=x_i\\y=y_j\\t=t_k}} \approx \frac{1}{4}\left[\frac{\partial^2 u(x,y,t)}{\partial y^2}\bigg|_{\substack{x=x_i\\y=y_j\\t=t_{k-1}}} + \frac{\partial^2 u(x,y,t)}{\partial y^2}\bigg|_{\substack{x=x_i\\y=y_j\\t=t_k}} + \frac{\partial^2 u(x,y,t)}{\partial y^2}\bigg|_{\substack{x=x_i\\y=y_j\\t=t_{k+1}}}\right]$$

$$=\frac{1}{4}\frac{u_{i,j+1}^{k-1}-2u_{i,j}^{k-1}+u_{i,j-1}^{k-1}}{(\Delta y)^2}+\frac{1}{2}\frac{u_{i,j+1}^k-2u_{i,j}^k+u_{i,j-1}^k}{(\Delta y)^2}+\frac{1}{4}\frac{u_{i,j+1}^{k+1}-2u_{i,j}^{k+1}+u_{i,j-1}^{k+1}}{(\Delta y)^2}$$

于是,定解问题(5.10)中的微分方程可化为差分方程

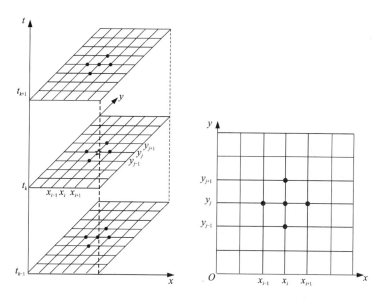

图 5.13　二维波动方程紧致差分求解的网格离散化及结点图

$$\frac{u_{i,j}^{k+1}-2u_{i,j}^{k}+u_{i,j}^{k-1}}{(\Delta t)^2}=\frac{c^2}{4}\Big[\frac{u_{i+1,j}^{k-1}-2u_{i,j}^{k-1}+u_{i-1,j}^{k-1}}{(\Delta x)^2}+2\frac{u_{i+1,j}^{k}-2u_{i,j}^{k}+u_{i-1,j}^{k}}{(\Delta x)^2}+$$

$$\frac{u_{i+1,j}^{k+1}-2u_{i-1,j}^{k+1}+u_{i-1,j}^{k+1}}{(\Delta x)^2}+\frac{u_{i,j+1}^{k-1}-2u_{i,j}^{k-1}+u_{i,j-1}^{k-1}}{(\Delta y)^2}+2\frac{u_{i,j+1}^{k}-2u_{i,j}^{k}+u_{i,j-1}^{k}}{(\Delta y)^2}+ \qquad (5.17)$$

$$\frac{u_{i,j+1}^{k+1}-2u_{i,j}^{k+1}+u_{i,j-1}^{k+1}}{(\Delta y)^2}\Big]$$

若取 $\alpha_x=\dfrac{c^2\,(\Delta t)^2}{(\Delta x)^2}$ 和 $\alpha_y=\dfrac{c^2\,(\Delta t)^2}{(\Delta y)^2}$，上式整理后可得

$$-\frac{\alpha_x}{4}u_{i+1,j}^{k+1}-\frac{\alpha_x}{4}u_{i-1,j}^{k+1}-\frac{\alpha_y}{4}u_{i,j+1}^{k+1}-\frac{\alpha_y}{4}u_{i,j-1}^{k+1}+\Big(1+\frac{\alpha_x}{2}+\frac{\alpha_y}{2}\Big)u_{i,j}^{k+1}=$$

$$\Big[\frac{\alpha_x}{2}u_{i+1,j}^{k}+\frac{\alpha_x}{2}u_{i-1,j}^{k}+\frac{\alpha_y}{2}u_{i,j+1}^{k}+\frac{\alpha_y}{2}u_{i,j-1}^{k}+(2-\alpha_x-\alpha_y)u_{i,j}^{k}\Big]+ \qquad (5.18)$$

$$\Big[\frac{\alpha_x}{4}u_{i+1,j}^{k-1}+\frac{\alpha_x}{4}u_{i-1,j}^{k-1}+\frac{\alpha_y}{4}u_{i,j+1}^{k-1}+\frac{\alpha_y}{4}u_{i,j-1}^{k-1}-\Big(1+\frac{\alpha_x}{2}+\frac{\alpha_y}{2}\Big)u_{i,j}^{k-1}\Big]$$

这种差分格式的解是稳定的，它是一个 3 层 15 点的紧致隐式差分格式。

根据定解问题(5.10)中的初始条件和边界条件，可得二维波动方程的紧致差分计算表达式：

$$
\begin{cases}
-\dfrac{\alpha_x}{4}u_{i+1,j}^{k+1} - \dfrac{\alpha_x}{4}u_{i-1,j}^{k+1} - \dfrac{\alpha_y}{4}u_{i,j+1}^{k+1} - \dfrac{\alpha_y}{4}u_{i,j-1}^{k+1} + \left(1 + \dfrac{\alpha_x}{2} + \dfrac{\alpha_y}{2}\right)u_{i,j}^{k+1} = \\[3mm]
\left[\dfrac{\alpha_x}{2}u_{i+1,j}^{k} + \dfrac{\alpha_x}{2}u_{i-1,j}^{k} + \dfrac{\alpha_y}{2}u_{i,j+1}^{k} + \dfrac{\alpha_y}{2}u_{i,j-1}^{k} + (2 - \alpha_x - \alpha_y)u_{i,j}^{k}\right] + \\[3mm]
\left[\dfrac{\alpha_x}{4}u_{i+1,j}^{k-1} + \dfrac{\alpha_x}{4}u_{i-1,j}^{k-1} + \dfrac{\alpha_y}{4}u_{i,j+1}^{k-1} + \dfrac{\alpha_y}{4}u_{i,j-1}^{k-1} - \left(1 + \dfrac{\alpha_x}{2} + \dfrac{\alpha_y}{2}\right)u_{i,j}^{k-1}\right] \\[3mm]
u_{0,j}^{k} = g_1(j\Delta y,\ k\Delta t)\ \ (j = 0,\ 1,\ \cdots,\ N_2;\ k = 0,\ 1,\ \cdots,\ N_3) \\[2mm]
u_{N_1,j}^{k} = g_2(j\Delta y,\ k\Delta t) \\[2mm]
u_{i,0}^{k} = h_1(i\Delta x,\ k\Delta t)\ \ (i = 0,\ 1,\ \cdots,\ N_1;\ k = 0,\ 1,\ \cdots,\ N_3) \\[2mm]
u_{i,N_2}^{k} = h_2(i\Delta x,\ k\Delta t) \\[2mm]
u_{i,j}^{0} = f_1(i\Delta x,\ j\Delta y)\ \ (i = 0,\ 1,\ \cdots,\ N_1;\ j = 0,\ 1,\ \cdots,\ N_2) \\[2mm]
u_{i,j}^{1} = f_2(i\Delta x,\ j\Delta y)
\end{cases}
\tag{5.19}
$$

同样，我们需要将 u 写成一维数组，这样就能将式(5.19)写成线性方程组（矩阵）形式，然后求解线性方程组即可得到不同时刻各节点处的 u 值。

例 5.6 设计程序实现下列第一类边界条件下二维波动方程的紧致差分近似解：

$$
\begin{cases}
\dfrac{\partial^2 u}{\partial t^2} = \dfrac{1}{2}\left(\dfrac{\partial^2 u}{\partial x^2} + \dfrac{\partial^2 u}{\partial y^2}\right),\ 0 < x < 1,\ 0 < y < 1,\ t > 0 \\[3mm]
u(0,\ y,\ t) = u(1,\ y,\ t) = 0 \\[2mm]
u(x,\ 0,\ t) = u(x,\ 1,\ t) = 0 \\[2mm]
u(x,\ y,\ 0) = \sin(\pi x)\sin(\pi y) \\[2mm]
\dfrac{\partial}{\partial t}u(x,\ y,\ 0) = 0
\end{cases}
$$

解 取 $\Delta x = \Delta y = 0.05$ 和 $\Delta t = 0.01$，紧致差分计算的 Matlab 程序代码如下：

```
% 紧致差分法计算第一类边界条件下的二维波动方程
clear all;
xsize = 1;
ysize = 1;
tsize = 2;
xnum = 21;
ynum = 21;
tnum = 201;
dx = xsize/(xnum - 1);
dy = ysize/(ynum - 1);
```

```
dt = tsize/(tnum - 1);
x = 0:dx:xsize;
y = 0:dy:ysize;
t = 0:dt:tsize;
Lamda = 1/2;% Lamda = c^2
alpha_x = Lamda * dt * dt/dx/dx;
alpha_y = Lamda * dt * dt/dy/dy;
u = zeros(ynum,xnum,tnum);
% 初始条件
for i = 1:ynum
    for j = 1:xnum
        u(i,j,1) = sin(pi * x(j)) * sin(pi * y(i));
        u(i,j,2) = sin(pi * x(j)) * sin(pi * y(i)) + 0 * dt;
    end
end
% 边界条件
for k = 1:tnum
    u(1,:,k) = 0;
    u(ynum,:,k) = 0;
    u(:,1,k) = 0;
    u(:,xnum,k) = 0;
end
% 紧致差分法计算
for k = 3:tnum
    % 方程组左端项矩阵
    Ix = speye(xnum - 2);Iy = speye(ynum - 2);
    aa(1:ynum - 2 - 1) = - alpha_y/4;
    bb(1:ynum - 2) = (1 + alpha_x/2 + alpha_y/2);
    A = diag(bb,0) + diag(aa, - 1) + diag(aa,1);
    e = ( - alpha_x/4) * ones(xnum - 2);
    B = spdiags([e e],[ - 1 1],xnum - 2,xnum - 2);
    L = kron(Ix,A) + kron(B,Iy);
    % 方程组右端项向量
    for i = 1:ynum - 2
        for j = 1:xnum - 2
```

```
            h = (j-1) * (ynum-2) + i;
            R(h,1)  = (alpha_x/2) * u(i+1+1,j+1,k-1) +...
              (alpha_x/2) * u(i+1-1,j+1,k-1) +...
              (alpha_y/2) * u(i+1,j+1+1,k-1) +...
              (alpha_y/2) * u(i+1,j+1-1,k-1) +...
              (2-alpha_x-alpha_y) * u(i+1,j+1,k-1) + (alpha_x/4) *...
            u(i+1+1,j+1,k-2) + (alpha_x/4) * u(i+1-1,j+1,k-2) +...
            (alpha_y/4) * u(i+1,j+1+1,k-2) + (alpha_y/4) *...
            u(i+1,j+1-1,k-2) - (1+alpha_x/2+alpha_y/2)*u(i+1,j+1,k-2);
            if (i==1||i==ynum-2||j==1||j==xnum-2)
                R(h,1) = R(h,1) +0;
            end
        end
    end
    uu = L\R;
    u(2:ynum-1,2:xnum-1,k) = reshape(uu,ynum-2,xnum-2);
end
% 图示计算结果
for k = 1:tnum
    surf(x,y,u(:,:,k));
    colorbar;
    title(['紧致差分解: t = ',num2str((k-1)*dt)]);
    set(gca,'XLim',[0 1]);
    set(gca,'YLim',[0 1]);
    set(gca,'ZLim',[-1 1]);
    xlabel('x');
    ylabel('y');
    zlabel('u(x,y,t)');
    drawnow;
    pause(0.1);
end
```

利用上述程序计算并图示 $t=0.2\,s$, $0.4\,s$, $0.6\,s$, $0.8\,s$, $1.0\,s$, $1.2\,s$, $1.4\,s$, $1.6\,s$, $1.8\,s$ 和 $2.0\,s$ 时的紧致差分近似解(简称紧致差分解)和理论解析解,如图5.14所示。从图上可以看出:紧致差分解与理论解析解吻合得很好。

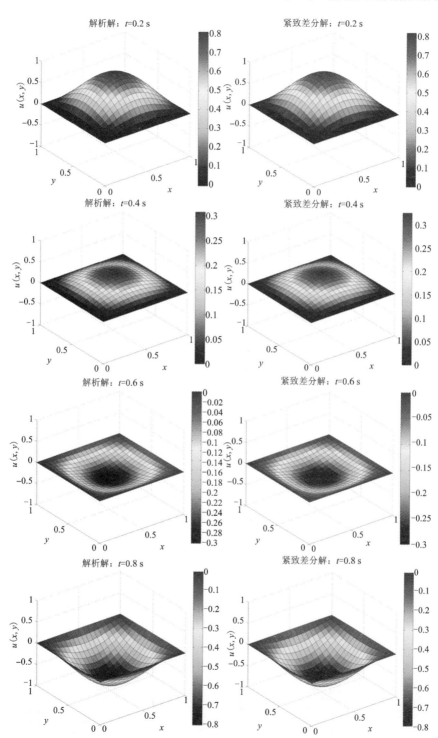

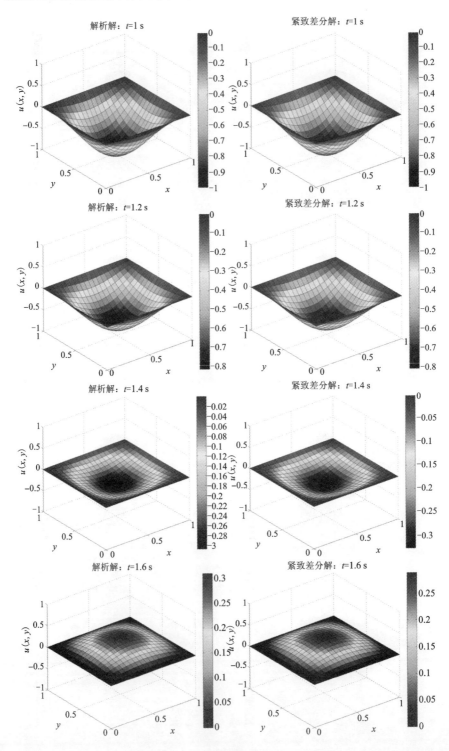

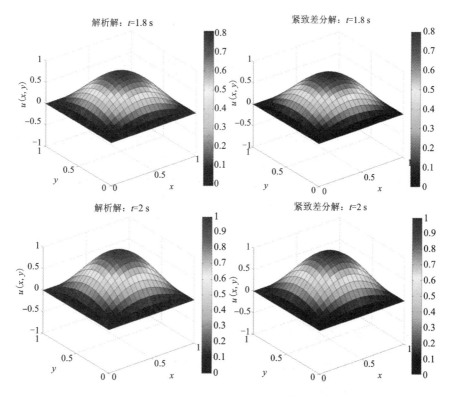

图 5.14　第一类边界条件下二维波动方程的紧致差分法计算结果

第6章 大地电磁有限差分法正演计算

大地电磁测深(magnetotelluric, 简称 MT)是以天然电磁场为场源来研究地球内部电性结构的一种重要的地球物理手段, 其正演问题归结为稳定场方程的求解。大地电磁正演模拟的数值方法主要有 3 种: 有限单元法、有限差分法和积分方程法, 前两者经常用于二维数值模拟, 后者主要用于三维数值模拟。

本章利用有限差分法计算大地电磁响应, 详细推导有限差分正演算法, 并编写 Matlab 计算程序。

6.1 大地电磁正演基本理论

6.1.1 谐变场的 Maxwell 方程组

Maxwell 方程组是电磁场必须遵从的微分方程组, 含有以下四个方程, 分别反映了四条基本的物理定律:

$$\nabla \times E = -\frac{\partial B}{\partial t} \quad (\text{法拉第定律}) \tag{6.1}$$

$$\nabla \times H = j + \frac{\partial D}{\partial t} \quad (\text{安培定律}) \tag{6.2}$$

$$\nabla \cdot B = 0 \quad (\text{磁通量连续性原理}) \tag{6.3}$$

$$\nabla \cdot D = \rho_0 \quad (\text{库仑定律}) \tag{6.4}$$

其中: E 为电场强度(V/m); B 为磁感应强度或磁通密度(Wb/m^2); D 为电感应强度或电位移(C/m^2); H 为磁场强度(A/m); j 为电流密度(A/m^2); ρ_0 为自由电荷密度(C/m^3)。

假设地球模型为各向同性介质, 则电磁场的基本量可通过物性参数 ε 和 μ 联系起来, 它们的关系是:

$$D = \varepsilon E \tag{6.5}$$

$$B = \mu H \tag{6.6}$$

$$j = \sigma E \tag{6.7}$$

其中 σ 为介质的电导率(电阻率的倒数), 其单位为 S/m; ε 和 μ 分别为介质的介电常数和磁导率, 取 $\varepsilon = 8.85 \times 10^{-12}$F/m 和 $\mu = 4\pi \times 10^{-7}$H/m。

在国际单位制下, 若令初始状态时介质内不带电荷, 采用式(6.1)~式(6.4)

所示的介质方程组后,各向同性介质的 Maxwell 方程组可变为

$$\nabla \times \boldsymbol{E} = -\mu \frac{\partial \boldsymbol{H}}{\partial t} \tag{6.8}$$

$$\nabla \times \boldsymbol{H} = \sigma \boldsymbol{E} + \varepsilon \frac{\partial \boldsymbol{E}}{\partial t} \tag{6.9}$$

$$\nabla \cdot \boldsymbol{H} = 0 \tag{6.10}$$

$$\nabla \cdot \boldsymbol{E} = 0 \tag{6.11}$$

利用傅里叶变换可将任意随时间变化的电磁场分解为一系列谐变场的组合,取时域中的谐变因子为 $e^{-i\omega t}$,电场强度和磁场强度可表示为

$$\boldsymbol{E} = \boldsymbol{E}_0 e^{-i\omega t} \tag{6.12}$$

$$\boldsymbol{H} = \boldsymbol{H}_0 e^{-i\omega t} \tag{6.13}$$

在大地电磁勘探中,考虑到应用的观测频率一般为 $10^{-4} \sim 10^3$ Hz,构成地壳浅部介质的电导率一般取为 $0.001 \sim 1$ S/m,估算位移电流与传导电流的最大比值 $\frac{\omega \varepsilon}{\sigma} \approx 5 \times 10^{-3}$。故在大地介质中可忽略位移电流对场分布的影响,即大地电磁正演研究的是似稳电磁场问题。

于是,谐变场的 Maxwell 方程组表示为

$$\nabla \times \boldsymbol{E} = i\mu\omega \boldsymbol{H} \tag{6.14}$$

$$\nabla \times \boldsymbol{H} = \sigma \boldsymbol{E} \tag{6.15}$$

$$\nabla \cdot \boldsymbol{E} = 0 \tag{6.16}$$

$$\nabla \cdot \boldsymbol{H} = 0 \tag{6.17}$$

式(6.14)~式(6.17)是大地电磁正演问题研究的出发点。

6.1.2　一维模型的大地电磁场

在笛卡尔坐标系中,令 z 轴垂直向下,x 轴、y 轴在地表水平面内,我们把谐变场 Maxwell 方程组的式(6.14)和式(6.15)展开成分量形式:

$$\nabla \times \boldsymbol{E} = i\mu\omega \boldsymbol{H}$$

$$\frac{\partial E_z}{\partial y} - \frac{\partial E_y}{\partial z} = i\omega\mu H_x \tag{6.18}$$

$$\frac{\partial E_x}{\partial z} - \frac{\partial E_z}{\partial x} = i\omega\mu H_y \tag{6.19}$$

$$\frac{\partial E_y}{\partial x} - \frac{\partial E_x}{\partial y} = i\omega\mu H_z \tag{6.20}$$

$$\nabla \times \boldsymbol{H} = \sigma \boldsymbol{E}$$

$$\frac{\partial H_z}{\partial y} - \frac{\partial H_y}{\partial z} = \sigma E_x \tag{6.21}$$

$$\frac{\partial H_x}{\partial z} - \frac{\partial H_z}{\partial x} = \sigma E_y \tag{6.22}$$

$$\frac{\partial H_y}{\partial x} - \frac{\partial H_x}{\partial y} = \sigma E_z \tag{6.23}$$

当平面电磁波垂直入射于均匀各向同性大地介质中时，其电磁场沿水平方向上是均匀的，即

$$\frac{\partial \boldsymbol{E}}{\partial x} = \frac{\partial \boldsymbol{E}}{\partial y} = 0, \ \frac{\partial \boldsymbol{H}}{\partial x} = \frac{\partial \boldsymbol{H}}{\partial y} = 0$$

将它们代入式(6.18)~式(6.23)中，有

$$-\frac{\partial E_y}{\partial z} = \mathrm{i}\omega\mu H_x \tag{6.24}$$

$$\frac{\partial E_x}{\partial z} = \mathrm{i}\omega\mu H_y \tag{6.25}$$

$$H_z = 0 \tag{6.26}$$

$$-\frac{\partial H_y}{\partial z} = \sigma E_x \tag{6.27}$$

$$\frac{\partial H_x}{\partial z} = \sigma E_y \tag{6.28}$$

$$E_z = 0 \tag{6.29}$$

由式(6.24)~式(6.29)可以看出：电场分量 E_x 只和 H_y 有关，H_x 只和 E_y 有关，它们都沿 z 轴传播。设在 yOz 坐标平面内考虑问题，即设真空中波前与 x 轴平行，这时的平面电磁波可以分解成电场仅有水平分量的 $E//$ 极化方式或 TE(横电)波型和磁场仅有水平分量的 $H//$ 极化方式或 TM(横磁)波型。

TE 极化方式($E_x - H_y$)：

$$\begin{cases} \dfrac{\partial^2 E_x}{\partial z^2} + \mathrm{i}\omega\mu\sigma E_x = 0 \\ H_y = \dfrac{1}{\mathrm{i}\omega\mu} \dfrac{\partial E_x}{\partial z} \end{cases} \tag{6.30}$$

或

$$\begin{cases} \dfrac{\partial}{\partial z}\left(\dfrac{1}{\sigma} \dfrac{\partial H_y}{\partial z} \right) + \mathrm{i}\omega\mu H_y = 0 \\ E_x = -\dfrac{1}{\sigma} \dfrac{\partial H_y}{\partial z} \end{cases} \tag{6.31}$$

TM 极化方式($H_x - E_y$)：

$$\begin{cases} \dfrac{\partial^2 E_y}{\partial z^2} + \mathrm{i}\omega\mu\sigma E_y = 0 \\ H_x = -\dfrac{1}{\mathrm{i}\omega\mu} \dfrac{\partial E_y}{\partial z} \end{cases} \tag{6.32}$$

或

$$\begin{cases} \dfrac{\partial}{\partial z}\left(\dfrac{1}{\sigma}\dfrac{\partial H_x}{\partial z}\right) + i\omega\mu H_x = 0 \\[4mm] E_y = \dfrac{1}{\sigma}\dfrac{\partial H_x}{\partial z} \end{cases} \tag{6.33}$$

两组极化波中均无场的垂直分量，即 $E_z = H_z = 0$。

下面，我们以 TE 极化波来讨论电磁场在均匀半空间的衰减变化情况。令 $k = \sqrt{-i\omega\mu\sigma}$，根据 TE 极化波方程 (6.30) 有

$$\frac{\partial^2 E_x}{\partial z^2} - k^2 E_x = 0$$

这是一个二阶常微分方程，它的一般解为

$$E_x = Ae^{-kz} + Be^{kz}$$

其中 A 和 B 为边界条件确定的积分常数。

在均匀半空间的无穷远处，即 $z \to +\infty$ 时，应有 $E_x = 0$，进而要求 $B = 0$，因此有

$$E_x = Ae^{-kz}$$

同时，考虑到电场在空气中不衰减，若取地表的电场强度值为 E_x^0，即 $z = 0$ 时

$$A = E_x^0$$

因此，在深度 z 处时，均匀半空间的电场强度可写成

$$E_x = E_x^0 e^{-kz} \tag{6.34}$$

取均匀半空间的电导率为 0.1 S/m，计算频率为 10 Hz 和 1 Hz 时的电场强度，Matlab 程序代码如下：

```
% 均匀半空间电场衰减情况
mu = 4e - 7 * pi;
S = 0.1;
fre = 10;
% fre = 1;
Omega = 2 * pi * fre;
k = sqrt( - sqrt( - 1) * Omega * mu * S);
z = 0 : 10 : 10000;
Ex = exp( - k * z);
plot( real( Ex), - z/1000,'r');
hold on
plot( imag( Ex), - z/1000,' - -');
xlabel('E_x/E^0_x');
ylabel('深度/km');
legend('实部值','虚部值');
```

图 6.1 给出了电导率为 0.1 S/m 的均匀半空间中频率为 10 Hz 和 1 Hz 时的电场随深度衰减变化的情况,即高频波衰减得快、低频波衰减得慢。

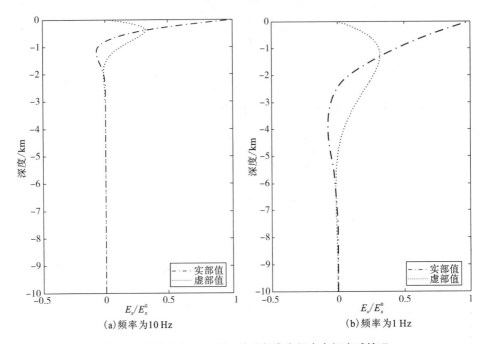

(a)频率为10 Hz　　　　　　　　　(b)频率为1 Hz

图 6.1　电导率为 0.1 S/m 的均匀半空间中电场衰减情况

6.1.3　二维模型的大地电磁场

对于有明显走向的倾斜岩层、背斜、向斜等地质构造,取走向为 x 轴, y 轴与 x 轴垂直,水平向右(即倾向方向), z 轴垂直向下,介质模型的电性参数随 y 轴和 z 轴都发生变化,而沿走向 x 轴的电性参数不发生变化,即 $\partial E / \partial x = 0$ 和 $\partial H / \partial x = 0$。当平面电磁波以任何角度入射地面时,地下介质的电磁波总以平面波形式,几乎垂直地向下传播。我们把电性参数沿两个方向变化的介质模型,称为二维介质。

将谐变场 Maxwell 方程组的式(6.14)和式(6.15)展开后得到

$$i\left(\frac{\partial E_z}{\partial y} - \frac{\partial E_y}{\partial z}\right) + j\left(\frac{\partial E_x}{\partial z} - \frac{\partial E_z}{\partial x}\right) + k\left(\frac{\partial E_y}{\partial x} - \frac{\partial E_x}{\partial y}\right) = i\mu\omega\left(iH_x + jH_y + kH_z\right) \quad (6.35)$$

及

$$i\left(\frac{\partial H_z}{\partial y} - \frac{\partial H_y}{\partial z}\right) + j\left(\frac{\partial H_x}{\partial z} - \frac{\partial H_z}{\partial x}\right) + k\left(\frac{\partial H_y}{\partial x} - \frac{\partial H_x}{\partial y}\right) = \sigma\left(iE_x + jE_y + kE_z\right) \quad (6.36)$$

其中: i、j、k 表示单位矢量。

式(6.35)与式(6.36)中对应的矢量分量应相等,同时注意到电场分量和磁场分量对 x 的偏导数皆为零,于是有

$$\frac{\partial E_z}{\partial y} - \frac{\partial E_y}{\partial z} = i\omega\mu H_x$$

$$\frac{\partial E_x}{\partial z} = i\omega\mu H_y$$

$$\frac{\partial E_x}{\partial y} = -i\omega\mu H_z$$

$$\frac{\partial H_z}{\partial y} - \frac{\partial H_y}{\partial z} = \sigma E_x$$

$$\frac{\partial H_x}{\partial z} = \sigma E_y$$

$$\frac{\partial H_x}{\partial y} = -\sigma E_z$$

从上面各式可以看出,相应电磁场分量分为两组,其中一组包括场分量 E_x、H_y、H_z;另一组包括场分量 H_x、E_y、E_z。两组电磁场分量彼此独立,我们分别称它们为 TE 极化模式和 TM 极化模式。

TE 极化模式:

$$\begin{cases} \dfrac{\partial H_z}{\partial y} - \dfrac{\partial H_y}{\partial z} = \sigma E_x \\[2mm] H_y = \dfrac{1}{i\omega\mu} \dfrac{\partial E_x}{\partial z} \\[2mm] H_z = -\dfrac{1}{i\omega\mu} \dfrac{\partial E_x}{\partial y} \end{cases} \tag{6.37}$$

TM 极化模式:

$$\begin{cases} \dfrac{\partial E_z}{\partial y} - \dfrac{\partial E_y}{\partial z} = i\omega\mu H_x \\[2mm] E_y = \dfrac{1}{\sigma} \dfrac{\partial H_x}{\partial z} \\[2mm] E_z = -\dfrac{1}{\sigma} \dfrac{\partial H_x}{\partial y} \end{cases} \tag{6.38}$$

若选取的坐标系方向与构造主轴方向一致时,电磁场能分成两组独立的波型,这一点具有很重要的意义,因为:①在求二维模型条件下大地电磁场问题的解析解和数值解时,Maxwell 偏微分方程组的求解问题可转化成标量函数的二阶偏微分方程的求解问题,这给推导及计算带来很大方便。②类似于一维模型时的情况,任一水平坐标轴的电场分量只和与其垂直的水平磁场分量有关,而和与其平行的水平磁场分量无关。

6.2　一维模型大地电磁响应的差分解法

6.2.1　差分正演算法推导

在一维大地介质中,根据式(6.30)可得电场所满足的微分方程为

$$\frac{\partial^2 E_x}{\partial z^2} + i\omega\mu\sigma(z)E_x = 0 \tag{6.39}$$

其中 σ 为介质的电导率,其单位为 S/m; μ 为介质的磁导率,其值取为 $4\pi \times 10^{-7}$ H/m。利用有限差分法求解,首先将一维地电模型离散化,如图 6.2 所示。

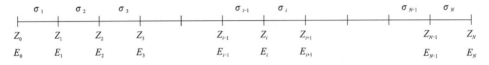

图 6.2　一维地电模型离散化

然后再对电场进行离散化处理,对节点 i 和 $i+1$ 及相邻节点的离散处理如图 6.3 所示。

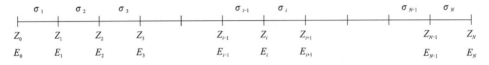

图 6.3　一维模型电场值离散化处理

在节点 $i-\frac{1}{2}$ 和 $i+\frac{1}{2}$ 处,采用有限差分法近似计算偏导数:

$$\left.\frac{\partial E}{\partial z}\right|_{z_{i-1/2}} \approx \frac{E_i - E_{i-1}}{z_i - z_{i-1}}, \qquad \left.\frac{\partial E}{\partial z}\right|_{z_{i+1/2}} \approx \frac{E_{i+1} - E_i}{z_{i+1} - z_i} \tag{6.40}$$

假设等间隔剖分,即两个节点之间的厚度均为 Δz,则有:

$$\left.\frac{\partial E}{\partial z}\right|_{z_{i-1/2}} \approx \frac{E_i - E_{i-1}}{\Delta z}, \qquad \left.\frac{\partial E}{\partial z}\right|_{z_{i+1/2}} \approx \frac{E_{i+1} - E_i}{\Delta z} \tag{6.41}$$

同理,对于二阶偏导数有:

$$\left.\frac{\partial^2 E}{\partial z^2}\right|_{z_i} = \left.\frac{\partial}{\partial z}\left(\frac{\partial E}{\partial z}\right)\right|_{z_i} \approx \frac{1}{\Delta z}\left(\left.\frac{\partial E}{\partial z}\right|_{z_{i+1/2}} - \left.\frac{\partial E}{\partial z}\right|_{z_{i-1/2}}\right)$$

$$= \frac{1}{\Delta z}\left(\frac{E_{i+1} - E_i}{\Delta z} - \frac{E_i - E_{i-1}}{\Delta z}\right)$$

$$= \frac{1}{\Delta z^2}(E_{i+1} - 2E_i + E_{i-1}) \tag{6.42}$$

根据式(6.39)和式(6.42)，可得：

$$\frac{1}{\Delta z^2}(E_{i+1} - 2E_i + E_{i-1}) + i\omega\mu\left(\frac{\sigma_i + \sigma_{i+1}}{2}\right)E_i = 0 \tag{6.43}$$

也可以写成：

$$\frac{1}{\Delta z^2}E_{i-1} + \left[i\omega\mu\left(\frac{\sigma_i + \sigma_{i+1}}{2}\right) - \frac{2}{\Delta z^2}\right]E_i + \frac{1}{\Delta z^2}E_{i+1} = 0 \tag{6.44}$$

同理，在 z_{i-1} 和 z_{i+1} 节点处有：

$$\frac{1}{\Delta z^2}E_{i-2} + \left[i\omega\mu\left(\frac{\sigma_{i-1} + \sigma_i}{2}\right) - \frac{2}{\Delta z^2}\right]E_{i-1} + \frac{1}{\Delta z^2}E_i = 0 \tag{6.45}$$

$$\frac{1}{\Delta z^2}E_i + \left[i\omega\mu\left(\frac{\sigma_{i+1} + \sigma_{i+2}}{2}\right) - \frac{2}{\Delta z^2}\right]E_{i+1} + \frac{1}{\Delta z^2}E_{i+2} = 0 \tag{6.46}$$

将式(6.44)、式(6.45)和式(6.46)写成矩阵形式有：

$$\begin{pmatrix} \frac{1}{\Delta z^2} & i\omega\mu\left(\frac{\sigma_{i-1}+\sigma_i}{2}\right)-\frac{2}{\Delta z^2} & \frac{1}{\Delta z^2} & 0 & 0 \\ 0 & \frac{1}{\Delta z^2} & i\omega\mu\left(\frac{\sigma_i+\sigma_{i+1}}{2}\right)-\frac{2}{\Delta z^2} & \frac{1}{\Delta z^2} & 0 \\ 0 & 0 & \frac{1}{\Delta z^2} & i\omega\mu\left(\frac{\sigma_{i+1}+\sigma_{i+2}}{2}\right)-\frac{2}{\Delta z^2} & \frac{1}{\Delta z^2} \end{pmatrix} \begin{pmatrix} E_{i-2} \\ E_{i-1} \\ E_i \\ E_{i+1} \\ E_{i+2} \end{pmatrix} = \begin{pmatrix} 0 \\ 0 \\ 0 \end{pmatrix} \tag{6.47}$$

推广到所有节点可得

$$\begin{pmatrix} \frac{1}{\Delta z^2} & i\omega\mu\left(\frac{\sigma_1+\sigma_2}{2}\right)-\frac{2}{\Delta z^2} & \frac{1}{\Delta z^2} & 0 & \cdots \\ 0 & \frac{1}{\Delta z^2} & i\omega\mu\left(\frac{\sigma_2+\sigma_3}{2}\right)-\frac{2}{\Delta z^2} & \frac{1}{\Delta z^2} & \cdots \\ \vdots & & \ddots & \ddots & \\ 0 & \cdots & \frac{1}{\Delta z^2} & i\omega\mu\left(\frac{\sigma_{N-1}+\sigma_N}{2}\right)-\frac{2}{\Delta z^2} & \frac{1}{\Delta z^2} \end{pmatrix} \begin{pmatrix} E_0 \\ E_1 \\ \vdots \\ E_{N-1} \\ E_N \end{pmatrix} =$$

$$\begin{pmatrix} 0 \\ \vdots \\ 0 \end{pmatrix} \tag{6.48}$$

该方程组含有 $N-1$ 个方程以及 $N+1$ 个未知数。

根据上边界条件：电场在空气中不衰减，取 $E_0 = 1$，于是式(6.48)可以改写为

$$\begin{pmatrix} 1 & 0 & 0 & 0 & \cdots & 0 \\ \dfrac{1}{\Delta z^2} & i\omega\mu\left(\dfrac{\sigma_1+\sigma_2}{2}\right)-\dfrac{2}{\Delta z^2} & \dfrac{1}{\Delta z^2} & 0 & \cdots & 0 \\ 0 & \dfrac{1}{\Delta z^2} & i\omega\mu\left(\dfrac{\sigma_2+\sigma_3}{2}\right)-\dfrac{2}{\Delta z^2} & \dfrac{1}{\Delta z^2} & \cdots & 0 \\ \vdots & & & \ddots & & \ddots \\ 0 & \cdots & \dfrac{1}{\Delta z^2} & i\omega\mu\left(\dfrac{\sigma_{N-1}+\sigma_N}{2}\right)-\dfrac{2}{\Delta z^2} & \dfrac{1}{\Delta z^2} \end{pmatrix} \begin{pmatrix} E_0 \\ E_1 \\ \vdots \\ E_{N-1} \\ E_N \end{pmatrix} = \begin{pmatrix} 1 \\ 0 \\ \vdots \\ 0 \end{pmatrix}$$

$$(6.49)$$

该方程组含有 N 个方程以及 $N+1$ 个未知数。

若 $z=z_N$ 处以下为均匀半空间,根据式(6.34)可知电磁波将按负指数衰减,即 $E_x = E_x^* \mathrm{e}^{-kz}$,这里 E_x^* 是常数、$k=\sqrt{-i\omega\mu\sigma_{z_N}}$。对 E_x 求导,将得到第三类边界条件:

$$\frac{\partial E_x}{\partial z} + kE_x = 0 \tag{6.50}$$

这时,下边界条件可以写成

$$\frac{E_N - E_{N-1}}{\Delta z} + kE_N = 0$$

即

$$\left(\frac{1}{\Delta z} + k\right)E_N - \frac{1}{\Delta z}E_{N-1} = 0 \tag{6.51}$$

考虑下边界条件,则式(6.49)可以改写为

$$\begin{pmatrix} 1 & 0 & 0 & 0 & \cdots & 0 \\ \dfrac{1}{\Delta z^2} & i\omega\mu\left(\dfrac{\sigma_1+\sigma_2}{2}\right)-\dfrac{2}{\Delta z^2} & \dfrac{1}{\Delta z^2} & 0 & \cdots & 0 \\ 0 & \dfrac{1}{\Delta z^2} & i\omega\mu\left(\dfrac{\sigma_2+\sigma_3}{2}\right)-\dfrac{2}{\Delta z^2} & \dfrac{1}{\Delta z^2} & \cdots & 0 \\ \vdots & & & \ddots & & \ddots \\ 0 & \cdots & \dfrac{1}{\Delta z^2} & i\omega\mu\left(\dfrac{\sigma_{N-1}+\sigma_N}{2}\right)-\dfrac{2}{\Delta z^2} & \dfrac{1}{\Delta z^2} \\ 0 & \cdots & & -\dfrac{1}{\Delta z} & \dfrac{1}{\Delta z}+k \end{pmatrix} \begin{pmatrix} E_0 \\ E_1 \\ \vdots \\ E_{N-1} \\ E_N \end{pmatrix} = \begin{pmatrix} 1 \\ 0 \\ \vdots \\ 0 \end{pmatrix}$$

$$(6.52)$$

这时,方程组含有 $N+1$ 个方程以及 $N+1$ 个未知数,该线性方程组的系数矩阵具有稀疏形式,如图6.4所示。求解式(6.52)即可得到节点处的电场值,从而可以进一步计算模型响应的视电阻率和相位。

当计算出各节点的 E_x 值后,再利用数值方法求出场值沿垂向的偏导数 $\dfrac{\partial E_x}{\partial z}$,代入到下式便可计算视电阻率和相位:

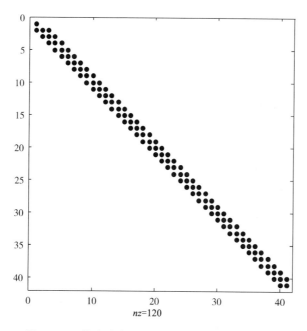

图6.4 一维大地电磁差分法计算形成的系数矩阵

$$
\left.\begin{aligned}
Z_{1D} &= E_x \Big/ \left(\frac{1}{\mathrm{i}\omega\mu} \frac{\partial E_x}{\partial z} \right) \\
\rho_a &= \frac{1}{\omega\mu} \mid Z_{1D} \mid^2 \\
\mathrm{phase} &= \arctan \frac{\mathrm{Im}[\,Z_{1D}\,]}{\mathrm{Re}[\,Z_{1D}\,]}
\end{aligned}\right\}
\tag{6.53}
$$

为了提高视电阻率的计算精度，取近地表的 4 个等距节点的电场值来计算偏导数，则有

$$
\left. \frac{\partial E_x}{\partial z} \right|_{z=0} = \frac{1}{2L}(\,-11E_0 + 18E_1 - 9E_2 + 2E_3\,)
\tag{6.54}
$$

其中 L 是节点 1 与节点 4 间的距离。

6.2.2　程序设计与结果验证

根据上一节推导的算法，下面我们给出有限差分法计算一维大地电磁响应的 Matlab 程序代码，主程序如下：

function [Ex, rho_a, phase] = MT1D_FDM(Length, Nz, S)

% 输入参数

% Length：计算区域的深度

```
%  Nz：剖分单元数
%  S：电导率
%  fre：频率
%  输出参数
%  Ex：电场
%  rho_a：视电阻率
%  phase：相位
mu = 4e - 7 * pi;
eps = 8.8419e - 012;
Dz = Length/Nz;
fre = logspace( - 4,3,40) ;
for i = 1 : size( fre,2)
   omega = 2 * pi * fre( i) ;
   P = sparse( Nz + 1,1) ;
   K = sparse( Nz + 1,Nz + 1) ;
   for j = 2 : Nz
      K( j,j - 1 : j + 1) = [ 1/Dz^2,sqrt( - 1) * omega * mu * ( ( S( j - 1) + ...
         S( j) )/2) - 2/Dz^2,1/Dz^2 ] ;
   end
   %  上边界条件
   K( 1,1) = 1; P( 1) = 1;
   %  下边界条件
   a = sqrt( - sqrt( - 1) * omega * mu * S( end) ) ;
   K( end,end - 1) = - 1/Dz;K( end,end)  = 1/Dz + a;
   P( end) = 0;
   Ex( :,i) = K\P; %线性方程组求解 - - 直接法
   %  计算视电阻率和相位
   Ex_g = Ex( 1,i) ;
   Hy_g = ( - 11 * Ex( 1,i) + 18 * Ex( 2,i) - 9 * Ex( 3,i) + ...
      2 * Ex( 4,i) )/( 2 * 3 * Dz)/( sqrt( - 1) * mu * omega) ;
   rho_a( i) = abs( Ex_g/Hy_g)^2/mu/omega;
   phase( i) = - atan( imag( Ex_g/Hy_g)/real( Ex_g/Hy_g) ) * 180/pi;
end
```

采用上述代码计算电导率为 0.1 S/m 的均匀半空间模型，取计算区域的长度为 10000 m，剖分单元长度为 20 m。图 6.5 给出了频率为 10 Hz 和 1 Hz 时的电场随深度衰减变化的情况，这与图 6.1 所示的衰减规律一致。同时，当频率为 10 Hz

时，模拟得到的视电阻率为 9.999432 $\Omega \cdot m$；当频率为 1 Hz 时，模拟得到的视电阻率为 9.999981 $\Omega \cdot m$。

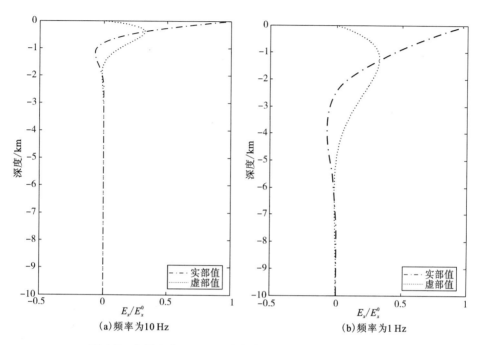

(a)频率为10 Hz　　　　　　　　　(b)频率为1 Hz

图 6.5　电导率为 0.1 S/m 均匀半空间中电场的有限差分解

6.2.3　一维模型试算分析

选取二层 G 型地电模型，其模型参数为 $\sigma_1 = 0.1$ S/m，$\sigma_2 = 0.01$ S/m 和 $h_1 = 1000$ m，如图 6.6 所示。采用有限差分法进行正演近似计算，剖分单元网格间距分别取为 $\Delta z = 10$ m，$\Delta z = 20$ m 和 $\Delta z = 40$ m。

图 6.7 给出了有限差分法计算 G 型模型所得的视电阻率曲线和相位曲线，与理论值曲线吻合得较好。随着剖分单元间距的增加，有限差分法的计算精度

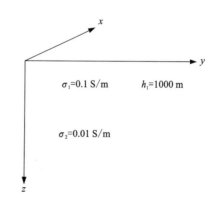

图 6.6　二层 G 型地电模型

会下降，主要体现为高频段的相位值误差增大。通过模拟对比分析，建议取 $\Delta z < \delta/3$（这里的 δ 为趋肤深度）。

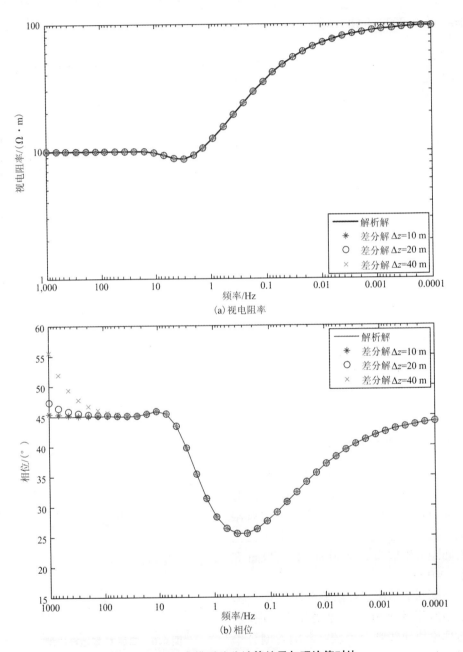

(a) 视电阻率

(b) 相位

图 6.7　G 型地电模型差分计算结果与理论值对比

6.3　二维模型大地电磁响应的差分解法

6.3.1　边值问题

根据式(6.37)和式(6.38)可知,二维地电模型中 E_x 和 H_x 满足的偏微分方程为(柳建新等,2012)

$$\frac{\partial}{\partial y}\left(\frac{1}{i\omega\mu}\frac{\partial E_x}{\partial y}\right)+\frac{\partial}{\partial z}\left(\frac{1}{i\omega\mu}\frac{\partial E_x}{\partial z}\right)+\sigma E_x=0 \tag{6.55}$$

$$\frac{\partial}{\partial y}\left(\frac{1}{\sigma}\frac{\partial H_x}{\partial y}\right)+\frac{\partial}{\partial z}\left(\frac{1}{\sigma}\frac{\partial H_x}{\partial z}\right)+i\omega\mu H_x=0 \tag{6.56}$$

式(6.55)和式(6.56)可统一表示成

$$\nabla\cdot(\tau\nabla u)+\lambda u=0 \tag{6.57}$$

对于 TE 极化模式,有

$$u=E_x,\ \tau=\frac{1}{i\omega\mu},\ \lambda=\sigma \tag{6.58}$$

对于 TM 极化模式,有

$$u=H_x,\ \tau=\frac{1}{\sigma},\ \lambda=i\omega\mu \tag{6.59}$$

为了求解亥姆霍兹方程[式(6.57)],我们还必须给出相应的边界条件,如图6.8 所示。

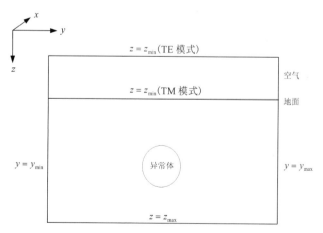

图 6.8　二维地电模型的边界示意图

1. TE 极化模式的外边界条件

(1)上边界 $z=z_{\min}$ 离地面足够远,使异常场在 $z_{\min}$ 上为零,以该处的 u 为 1 单位

$$u\big|_{z=z_{\min}} = 1 \tag{6.60}$$

（2）下边界 $z=z_{\max}$ 以下为均质岩石，局部不均匀体的异常场在 $z_{\max}$ 上为零，电磁波在 $z_{\max}$ 以下的传播方程为

$$u = u_0 e^{-kz} \tag{6.61}$$

其中 u_0 是常数，$k = \sqrt{-i\omega\mu\sigma}$，$\sigma$ 是 $z_{\max}$ 以下岩石的电导率。

式（6.61）对 u 求偏导，即得 $z_{\max}$ 处的边界条件为

$$\left(\frac{\partial u}{\partial z} + ku\right)\bigg|_{z=z_{\max}} = 0 \tag{6.62}$$

（3）取左右边界 $y=y_{\min}$、$y=y_{\max}$ 离局部不均匀体足够远，电磁场在 $y_{\min}$、$y_{\max}$ 上左右对称，其上的边界条件是

$$\frac{\partial u}{\partial y}\bigg|_{y=y_{\min}} = \frac{\partial u}{\partial y}\bigg|_{y=y_{\max}} = 0 \tag{6.63}$$

2. TM 极化模式外边界条件

（1）上边界 $z=z_{\min}$ 直接取在地面上，并以该处的 u 为 1 单位，则有

$$u\big|_{z=z_{\min}} = 1 \tag{6.64}$$

（2）下边界 $z=z_{\max}$ 的边界条件，同 TE 极化模式。

（3）左右边界 $y=y_{\min}$ 和 $y=y_{\max}$ 的边界条件，同 TE 极化模式。

6.3.2　差分方程组形成

将二维地电模型离散化，如图 6.9 所示。下面以求解 TM 极化模式的电磁场为例，详细推导差分正演算法。

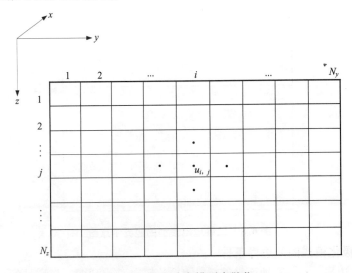

图 6.9　二维地电模型离散化

对于研究区域的内部节点，在单元(i, j)中心处，采用有限差分近似计算偏导数：

$$\left[\frac{\partial}{\partial y}\left(\tau\,\frac{\partial u}{\partial y}\right)\right]_{i, j} \approx \frac{1}{\Delta y}\left[\left(\tau\,\frac{\partial u}{\partial y}\right)_{i+\frac{1}{2}, j} - \left(\tau\,\frac{\partial u}{\partial y}\right)_{i-\frac{1}{2}, j}\right]$$

$$\approx \frac{\tau_{i, j} + \tau_{i+1, j}}{2}\frac{u_{i+1, j} - u_{i, j}}{\Delta y^2} - \frac{\tau_{i, j} + \tau_{i-1, j}}{2}\frac{u_{i, j} - u_{i-1, j}}{\Delta y^2} \quad (6.65)$$

和

$$\left[\frac{\partial}{\partial z}\left(\tau\,\frac{\partial u}{\partial z}\right)\right]_{i, j} \approx \frac{1}{\Delta z}\left[\left(\tau\,\frac{\partial u}{\partial z}\right)_{i, j+\frac{1}{2}} - \left(\tau\,\frac{\partial u}{\partial z}\right)_{i, j-\frac{1}{2}}\right]$$

$$\approx \frac{\tau_{i, j} + \tau_{i, j+1}}{2}\frac{u_{i, j+1} - u_{i, j}}{\Delta z^2} - \frac{\tau_{i, j} + \tau_{i, j-1}}{2}\frac{u_{i, j} - u_{i, j-1}}{\Delta z^2} \quad (6.66)$$

将式（6.65）和式（6.66）代入到式（6.57），可得

$$\left[\frac{\partial}{\partial y}\left(\tau\,\frac{\partial u}{\partial y}\right)\right]_{i, j} + \left[\frac{\partial}{\partial z}\left(\tau\,\frac{\partial u}{\partial z}\right)\right]_{i, j} + \lambda u_{i, j} = 0$$

即

$$\left(\frac{\tau_{i, j} + \tau_{i+1, j}}{2}\frac{u_{i+1, j} - u_{i, j}}{\Delta y^2} - \frac{\tau_{i, j} + \tau_{i-1, j}}{2}\frac{u_{i, j} - u_{i-1, j}}{\Delta y^2}\right) +$$
$$\left(\frac{\tau_{i, j} + \tau_{i, j+1}}{2}\frac{u_{i, j+1} - u_{i, j}}{\Delta z^2} - \frac{\tau_{i, j} + \tau_{i, j-1}}{2}\frac{u_{i, j} - u_{i, j-1}}{\Delta z^2}\right) + \lambda u_{i, j} = 0 \quad (6.67)$$

或写成

$$\frac{\tau_{i, j} + \tau_{i+1, j}}{2\Delta y^2}u_{i+1, j} + \frac{\tau_{i, j} + \tau_{i-1, j}}{2\Delta y^2}u_{i-1, j} + \frac{\tau_{i, j} + \tau_{i, j+1}}{2\Delta z^2}u_{i, j+1} + \frac{\tau_{i, j} + \tau_{i, j-1}}{2\Delta z^2}u_{i, j-1}$$

$$\left(-\frac{\tau_{i-1, j} + 2\tau_{i, j} + \tau_{i+1, j}}{2\Delta y^2} - \frac{\tau_{i, j-1} + 2\tau_{i, j} + \tau_{i, j+1}}{2\Delta z^2} + \lambda\right)u_{i, j} = 0$$

$$(6.68)$$

令

$$u = \begin{pmatrix} u_1 \\ u_2 \\ \vdots \\ u_{(i-1)\times N_z + j} \\ u_{(i-1)\times N_z + j + 1} \\ \vdots \\ u_{N_y\times N_z - 1} \\ u_{N_y\times N_z} \end{pmatrix} = \begin{pmatrix} u_{1, 1} \\ u_{1, 2} \\ \vdots \\ u_{i, j} \\ u_{i, j+1} \\ \vdots \\ u_{N_y, N_z - 1} \\ u_{N_y, N_z} \end{pmatrix} \quad (6.69)$$

推广到所有节点，式(6.68)写成矩阵形式有

$$
\begin{pmatrix}
0 & \cdots & 0 & \cdots & 0 & & 0 & & 0 & \cdots & 0 & 0 & \cdots & 0 \\
0 & \cdots & 0 & \cdots & 0 & & 0 & & 0 & & 0 & 0 & \cdots & 0 \\
\vdots & & & & & & & & & & & & & \\
0 & \cdots & \frac{\tau_{i,j}+\tau_{i-1,j}}{2\Delta y^2} & \cdots & \frac{\tau_{i,j}+\tau_{i,j-1}}{2\Delta z^2} & -\frac{\tau_{i-1,j}+2\tau_{i,j}+\tau_{i+1,j}}{2\Delta y^2}-\frac{\tau_{i,j-1}+2\tau_{i,j}+\tau_{i,j+1}}{2\Delta z^2}+\lambda & \frac{\tau_{i,j}+\tau_{i,j+1}}{2\Delta z^2} & \cdots & \frac{\tau_{i,j}+\tau_{i+1,j}}{2\Delta y^2} & 0 & \cdots & 0 \\
0 & \cdots & 0 & \frac{\tau_{i,j+1}+\tau_{i-1,j+1}}{2\Delta y^2} & \cdots & \frac{\tau_{i,j+1}+\tau_{i,j}}{2\Delta z^2} & -\frac{\tau_{i-1,j+1}+2\tau_{i,j+1}+\tau_{i+1,j+1}}{2\Delta y^2}-\frac{\tau_{i,j}+2\tau_{i,j+1}+\tau_{i,j+2}}{2\Delta z^2}+\lambda & \frac{\tau_{i,j+1}+\tau_{i,j+2}}{2\Delta z^2} & \cdots & \frac{\tau_{i+1,j+1}+\tau_{i+1,j+1}}{2\Delta y^2} & \cdots & 0 \\
\vdots & & & & & & & & & & & & & \\
0 & \cdots & 0 & \cdots & 0 & & 0 & & 0 & & 0 & 0 & \cdots & 0 \\
0 & \cdots & 0 & \cdots & 0 & & 0 & & 0 & & 0 & 0 & \cdots & 0 \\
\end{pmatrix}
$$

$$
\begin{pmatrix}
u_1 \\
u_2 \\
\vdots \\
u_{(i-1)\times N_z+j} \\
u_{(i-1)\times N_z+j+1} \\
\vdots \\
u_{N_y\times N_z-1} \\
u_{N_z\times N_z}
\end{pmatrix}
=
\begin{pmatrix}
0 \\
0 \\
\vdots \\
0 \\
0 \\
\vdots \\
0 \\
0
\end{pmatrix}
\tag{6.70}
$$

该方程组含有 $(N_z-2)\times(N_y-2)$ 个方程以及 $N_z\times N_y$ 个未知数。

将磁场所满足的 4 个边界条件代入式(6.70)，可得

$$
\boldsymbol{Ku=p} \tag{6.71}
$$

这时，方程组含有 $N_z\times N_y$ 个方程以及 $N_z\times N_y$ 个未知数，该线性方程组的系数矩阵同样具有稀疏形式，如图 6.10 所示。求解上述线性方程组(6.71)即可得到各单元中心处的磁场值，从而可以进一步计算模型响应的视电阻率和阻抗相位。

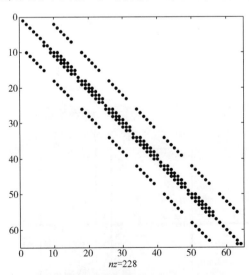

图 6.10 差分法计算二维大地电磁响应形成的系数矩阵

接下来，我们详细推导求解 TE 极化模式电磁场的差分正演算法。对于研究区域的内部节点（见图 6.8），在单元 (i,j) 中心处，采用有限差分法近似计算偏导数：

$$\left[\frac{\partial}{\partial y}\left(\frac{\partial u}{\partial y}\right)\right]_{i,j} \approx \frac{1}{\Delta y}\left[\left(\frac{\partial u}{\partial y}\right)_{i+\frac{1}{2},j} - \left(\frac{\partial u}{\partial y}\right)_{i-\frac{1}{2},j}\right] \approx \frac{u_{i+1,j} - 2u_{i,j} + u_{i-1,j}}{\Delta y^2} \quad (6.72)$$

和

$$\left[\frac{\partial}{\partial z}\left(\frac{\partial u}{\partial z}\right)\right]_{i,j} \approx \frac{1}{\Delta z}\left[\left(\frac{\partial u}{\partial z}\right)_{i,j+\frac{1}{2}} - \left(\frac{\partial u}{\partial z}\right)_{i,j-\frac{1}{2}}\right] \approx \frac{u_{i,j+1} - 2u_{i,j} + u_{i,j-1}}{\Delta z^2} \quad (6.73)$$

将式（6.72）和式（6.73）代入式（6.57），可得

$$\left[\frac{\partial}{\partial y}\left(\frac{\partial u}{\partial y}\right)\right]_{i,j} + \left[\frac{\partial}{\partial z}\left(\frac{\partial u}{\partial z}\right)\right]_{i,j} + \frac{1}{\tau}\lambda_{i,j}u_{i,j} = 0$$

即

$$\frac{u_{i+1,j} - 2u_{i,j} + u_{i-1,j}}{\Delta y^2} + \frac{u_{i,j+1} - 2u_{i,j} + u_{i,j-1}}{\Delta z^2} + \frac{1}{\tau}\lambda_{i,j}u_{i,j} = 0 \quad (6.74)$$

或写成

$$\frac{1}{\Delta y^2}u_{i+1,j} + \frac{1}{\Delta y^2}u_{i-1,j} + \frac{1}{\Delta z^2}u_{i,j+1} + \frac{1}{\Delta z^2}u_{i,j-1}\left(-\frac{2}{\Delta y^2} - \frac{2}{\Delta z^2} + \frac{1}{\tau}\lambda_{i,j}\right)u_{i,j} = 0$$

$$(6.75)$$

类似于 TM 极化模式的差分正演算法，将所有内部节点的电场实现偏微分方程转代数方程，加入电场所满足的 4 个边界条件，同理可知 TE 极化模式下的电场响应归结于线性方程组的求解。

6.3.3　大地电磁响应计算

计算出各单元中心的 u 值后，再利用数值方法求出场值沿垂向的偏导数 $\frac{\partial u}{\partial z}$，它相当于 $\frac{\partial E_x}{\partial z}$ 或 $\frac{\partial H_x}{\partial z}$，代入以下两式便可计算视电阻率和阻抗相位。

对于 TE 极化模式，有

$$\left.\begin{array}{l} Z_{\mathrm{TE}} = E_x\bigg/\left(\frac{1}{\mathrm{i}\omega\mu}\frac{\partial E_x}{\partial z}\right) \\[2mm] \rho_a^{\mathrm{TE}} = \frac{1}{\omega\mu}|Z_{\mathrm{TE}}|^2 \\[2mm] \varphi^{\mathrm{TE}} = \arctan\frac{\mathrm{Im}[Z_{\mathrm{TE}}]}{\mathrm{Re}[Z_{\mathrm{TE}}]} \end{array}\right\} \quad (6.76)$$

对于 TM 极化模式，有

$$
\left.
\begin{aligned}
Z_{\text{TM}} &= -\frac{1}{\sigma}\frac{\partial H_x}{\partial z}\Big/H_x \\[6pt]
\rho_a^{\text{TM}} &= \frac{1}{\omega\mu}\left| Z_{\text{TM}} \right|^2 \\[6pt]
\varphi^{\text{TM}} &= \arctan\frac{\text{Im}\left[Z_{\text{TM}} \right]}{\text{Re}\left[Z_{\text{TM}} \right]}
\end{aligned}
\right\}
\tag{6.77}
$$

同样, 为了提高视电阻率的计算精度, 取近地表的 4 个等距节点的电场值, 按式(6.54)来计算偏导数。

6.3.4　程序设计

根据上一节推导的正演算法, 下面我们给出有限差分法计算 TM 极化模式下 MT 电磁响应的 Matlab 程序代码, 主程序如下:

```
function [Hx, rho_a, phase] = MT2D_TM_FDM(ysize, Ny, zsize, Nz, rho)
% 输入参数
% ysize:计算区域的长度
% Ny:   横向单元数
% zsize:计算区域的深度
% Nz:   纵向单元数
% rho:电阻率(电导率的倒数)
% 输出参数
% Hx:   磁场
% rho_a:视电阻率
% phase:阻抗相位
mu = 4e - 7 * pi;
dy = ysize/Ny;
dz = zsize/Nz;
L = sparse(Ny * Nz, Ny * Nz);
R = sparse(Ny * Nz, 1);
fre = logspace( - 4,3,40); % 计算频点
for nf = 1:1:size(fre,2)
    % 差分方程组形成
    % 内部节点
    for i = 2:1:Nz - 1
        for j = 2:1:Ny - 1
```

```
      k = (j - 1) * Nz + i;
      L(k,k - Nz) = (rho(i,j - 1) + rho(i,j))/2/dy^2;
      L(k,k + Nz) = (rho(i,j + 1) + rho(i,j))/2/dy^2;
      L(k,k - 1) = (rho(i - 1,j) + rho(i,j))/2/dz^2;
      L(k,k + 1) = (rho(i + 1,j) + rho(i,j))/2/dz^2;
      L(k,k) = sqrt( - 1) * 2 * pi * fre(nf) * mu - ...
         (rho(i,j - 1) + 2 * rho(i,j) + rho(i,j + 1))/2/dy^2 - ...
         (rho(i - 1,j) + 2 * rho(i,j) + rho(i + 1,j))/2/dz^2;
      R(k,1) = 0;
   end
end
% 上边界条件
i = 1;
for j = 1:1:Ny
   k = (j - 1) * Nz + i;
   L(k,k) = 1;
   R(k,1) = 1;
end
% 下边界条件
i = Nz;
for j = 1:1:Ny
   k = (j - 1) * Nz + i;
   L(k,k) = 1/dz + sqrt( - sqrt( - 1) * 2 * pi * fre(nf) * mu * (1/rho(i,j)));
   L(k,k - 1) = - 1/dz;
   R(k,1) = 0;
end
% 左边界条件
for i = 1:1:Nz
   for j = 1:1:Ny
      k = (j - 1) * Nz + i;
      if(j == 1&&i > 1&&i < Nz)
         L(k,k) = - 1;L(k,k + Nz) = 1;
         R(k,1) = 0;
```

```
          end
       end
    end
% 右边界条件
for i = 1 : 1 : Nz
   for j = 1 : 1 : Ny
      k = ( j - 1 ) * Nz + i ;
      if( j == Ny&&i > 1&&i < Nz)
         L( k , k ) = 1 ; L( k , k - Nz) = - 1 ;
         R( k , 1 ) = 0 ;
      end
   end
end
% 线性方程组求解
u( : , nf) = L\R ;
u = full( u ) ;
u_new( : , : , nf) = reshape( u( : , nf) , Nz, Ny) ;
% 计算大地电磁响应
u1( : , nf) = u_new( 1 , : , nf) ;
u2( : , nf) = u_new( 2 , : , nf) ;
u3( : , nf) = u_new( 3 , : , nf) ;
u4( : , nf) = u_new( 4 , : , nf) ;
for i = 1 : 1 : Ny
   ux( i , nf) = ( - 11 * u1( i , nf) + 18 * u2( i , nf) - 9 * u3( i , nf) + ...
      2 * u4( i , nf) )/( 2 * 3 * dz) ;
   Zyx( i , nf) = rho( 1 , i ) * ux( i , nf)/u1( i , nf) ;
   rho_a( i , nf) = abs( Zyx( i , nf) )^2/( 2 * pi * fre( nf) * mu) ;
   phase( i , nf) = - atan( imag( Zyx( i , nf) )/real( Zyx( i , nf) ) ) * 180/pi ;
end
end
Hx = u_new ;
```

6.3.5 差分正演结果验证

1. 均匀半空间模型

选取一个均匀半空间模型，电导率取为 0.1 S/m。采用有限差分法计算 TM 极化模式的大地电磁响应，取计算区域的长度为 10 km、宽度为 2 km，横向和纵向剖分单元长度均为 20 m。图 6.11 为 TM 极化模式下频率为 10 Hz 和 1 Hz 时模拟的磁场衰减变化情况，这与理论衰减规律一致，从而验证了本书差分正演算法的正确性。

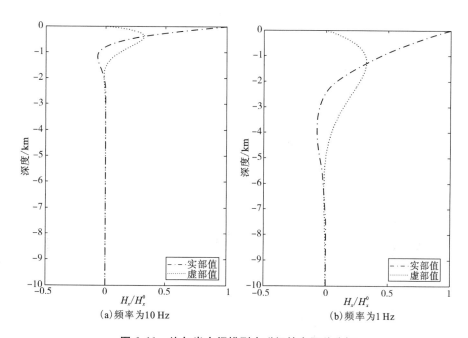

图 6.11 均匀半空间模型中磁场的有限差分解

2. 层状介质模型

选取二层 G 型地电模型，其模型参数为 $\sigma_1 = 0.1$ S/m，$\sigma_2 = 0.01$ S/m 和 $h_1 = 1000$ m，如图 6.6 所示。采用有限差分法进行正演近似计算，横向网格单元间距取 $\Delta y = 20$ m，而纵向网格单元间距分别取为 $\Delta z = 5$ m、$\Delta z = 10$ m 和 $\Delta z = 20$ m。

图 6.12 给出了有限差分法计算 TM 极化模式下 G 型地电模型所得的视电阻率和阻抗相位曲线，与理论值曲线吻合得较好，这进一步说明了差分正演算法的准确性。但随着纵向单元剖分间距的增加，有限差分法的计算精度会下降，主要体现为高频段的视电阻率和相位误差增大。通过模拟对比分析，建议纵向网格间距取 $\Delta z < \delta/3$（这里的 δ 为趋肤深度）。

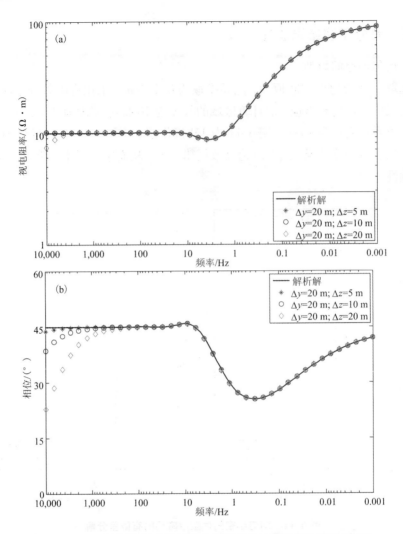

图 6.12　TM 极化模式下 G 型地电模型差分计算结果与理论值对比

6.3.6　典型二维模型试算

构造的二维地电模型如图 6.13 所示，在电导率为 0.01 S/m 的围岩中，存在电导率为 0.1 S/m 的高导异常体，异常体距离顶部 1000 m。采用有限差分法计算 TM 极化模式的电磁响应，横向左右边界外延 4000 m，横向网格单元取 $\Delta y = 100$ m，纵向网格单元取 $\Delta z = 40$ m(满足 $\Delta z < \delta/3$)。

模拟测点数为 20 个(点距 100 m)，采用 40 个记录频点(0.01 ~ 100 Hz)，并绘制出 MT 电磁响应的拟断面图(见图 6.14)。从视电阻率拟断面图可以看出，高导体产生的异常直立向下无限延伸，异常响应的横向位置与实际模型一致，视电阻率为 27.14 ~ 119.70 Ω·m，这较好地反映出了围岩和异常体的数值。同时，阻抗相位拟断面图能更好地反映出异常体的分布位置，且能识别异常体为高导体。

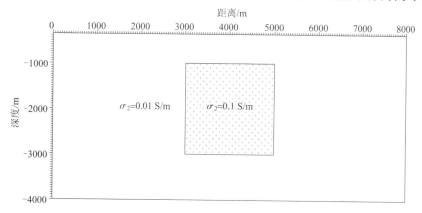

图 6.13　二维地电模型

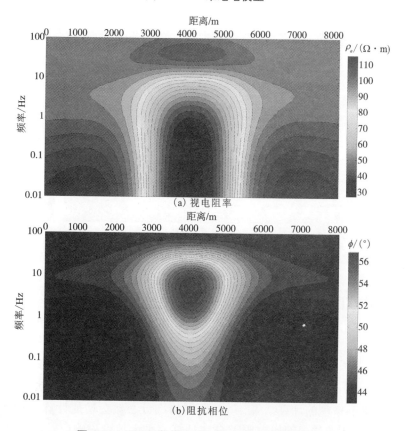

图 6.14　TM 极化模式下 MT 电磁响应拟断面图

接下来,我们分析剖分单元内每个节点的磁场值,选取的频率为10 Hz,模拟结果如图6.15所示。无论是磁场实部等值线图还是虚部等值线图,都能很好地反映高导体的分布位置。

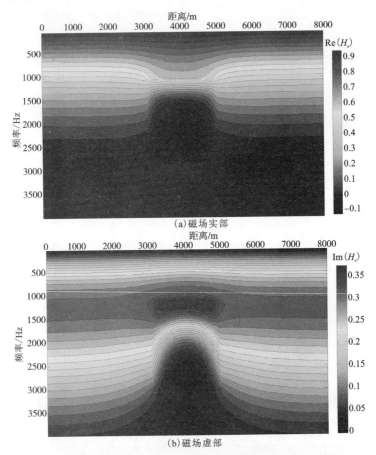

图 6.15　TM 模式下磁场等值线图

6.4　非均匀网格有限差分法计算大地电磁响应

6.4.1　一维非均匀网格的差分解法

通过前面的计算分析可知,当剖分间距较大时,高频段的大地电磁响应较大,为了得到高精度的计算结果,等间距网格剖分必然会增加计算开销(童孝忠等,2018)。采用非均匀网格有限差分法计算一维大地电磁响应,首先对地电模型进行离散化处理,节点 i 和 $i+1$ 及相邻节点的离散化处理如图6.16所示。

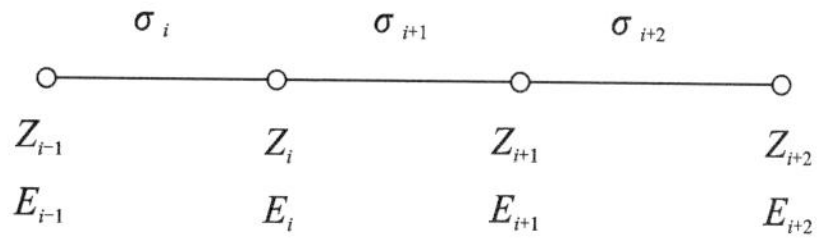

图 6.16　一维模型电场值非均匀网格离散化处理

在节点 i 和 $i+1$ 处，采用向前差分近似计算偏导数：

$$\left.\frac{\partial E}{\partial z}\right|_{z_i} \approx \frac{E_i - E_{i-1}}{z_i - z_{i-1}} = \frac{E_i - E_{i-1}}{\Delta z_i}, \quad \left.\frac{\partial E}{\partial z}\right|_{z_{i+1}} \approx \frac{E_{i+1} - E_i}{z_{i+1} - z_i} = \frac{E_{i+1} - E_i}{\Delta z_{i+1}} \qquad (6.78)$$

同理，对于二阶偏导数有：

$$\left.\frac{\partial^2 E}{\partial z^2}\right|_{z_i} = \left.\frac{\partial}{\partial z}\left(\frac{\partial E}{\partial z}\right)\right|_{z_i} \approx \frac{1}{z_{i+1} - z_i}\left(\left.\frac{\partial E}{\partial z}\right|_{z_{i+1}} - \left.\frac{\partial E}{\partial z}\right|_{z_i}\right) = \frac{1}{\Delta z_{i+1}}\left(\frac{E_{i+1} - E_i}{\Delta z_{i+1}} - \frac{E_i - E_{i-1}}{\Delta z_i}\right)$$

$$= \frac{1}{\Delta z_{i+1}^2}E_{i+1} - \left(\frac{1}{\Delta z_{i+1}^2} + \frac{1}{\Delta z_i \Delta z_{i+1}}\right)E_i + \frac{1}{\Delta z_i \Delta z_{i+1}}E_{i-1} \qquad (6.79)$$

根据式（6.79）和式（6.39），可得：

$$\frac{1}{\Delta z_{i+1}^2}E_{i+1} - \left(\frac{1}{\Delta z_{i+1}^2} + \frac{1}{\Delta z_i \Delta z_{i+1}}\right)E_i + \frac{1}{\Delta z_i \Delta z_{i+1}}E_{i-1} + i\omega\mu\left(\frac{\sigma_i + \sigma_{i+1}}{2}\right)E_i = 0$$

$$\qquad (6.80)$$

也可以写成：

$$\frac{1}{\Delta z_i \Delta z_{i+1}}E_{i-1} + \left[i\omega\mu\left(\frac{\sigma_i + \sigma_{i+1}}{2}\right) - \left(\frac{1}{\Delta z_{i+1}^2} + \frac{1}{\Delta z_i \Delta z_{i+1}}\right)\right]E_i + \frac{1}{\Delta z_{i+1}^2}E_{i+1} = 0$$

$$\qquad (6.81)$$

同理，在 z_{i-1} 和 z_{i+1} 节点处有：

$$\frac{1}{\Delta z_{i-1}\Delta z_i}E_{i-2} + \left[i\omega\mu\left(\frac{\sigma_{i-1} + \sigma_i}{2}\right) - \left(\frac{1}{\Delta z_i^2} + \frac{1}{\Delta z_{i-1}\Delta z_i}\right)\right]E_{i-1} + \frac{1}{\Delta z_i^2}E_i = 0 \qquad (6.82)$$

$$\frac{1}{\Delta z_{i+1}\Delta z_{i+2}}E_i + \left[i\omega\mu\left(\frac{\sigma_{i+1} + \sigma_{i+2}}{2}\right) - \left(\frac{1}{\Delta z_{i+2}^2} + \frac{1}{\Delta z_{i+1}\Delta z_{i+2}}\right)\right]E_{i+1} + \frac{1}{\Delta z_{i+2}^2}E_{i+2} = 0$$

$$\qquad (6.83)$$

将式（6.81）、式（6.82）和式（6.83）写成矩阵形式有：

$$\begin{pmatrix} \frac{1}{\Delta z_{i-1}\Delta z_i} & i\omega\mu\left(\frac{\sigma_{i-1}+\sigma_i}{2}\right) - \left(\frac{1}{\Delta z_i^2}+\frac{1}{\Delta z_{i-1}\Delta z_i}\right) & \frac{1}{\Delta z_i^2} & 0 & 0 \\ 0 & \frac{1}{\Delta z_i \Delta z_{i+1}} & i\omega\mu\left(\frac{\sigma_i+\sigma_{i+1}}{2}\right) - \left(\frac{1}{\Delta z_{i+1}^2}+\frac{1}{\Delta z_i \Delta z_{i+1}}\right) & \frac{1}{\Delta z_{i+1}^2} & 0 \\ 0 & 0 & \frac{1}{\Delta z_{i+1}\Delta z_{i+2}} & i\omega\mu\left(\frac{\sigma_{i+1}+\sigma_{i+2}}{2}\right) - \left(\frac{1}{\Delta z_{i+2}^2}+\frac{1}{\Delta z_{i+1}\Delta z_{i+2}}\right) & \frac{1}{\Delta z_{i+2}^2} \end{pmatrix}\begin{pmatrix} E_{i-2} \\ E_{i-1} \\ E_i \\ E_{i+1} \\ E_{i+2} \end{pmatrix} = \begin{pmatrix} 0 \\ 0 \\ 0 \end{pmatrix}$$

$$\qquad (6.84)$$

推广到所有节点可得

$$\begin{pmatrix} \dfrac{1}{\Delta z_1 \Delta z_2} & \mathrm{i}\omega\mu\left(\dfrac{\sigma_1+\sigma_2}{2}\right)-\left(\dfrac{1}{\Delta z_2^2}+\dfrac{1}{\Delta z_1 \Delta z_2}\right) & \dfrac{1}{\Delta z_2^2} & 0 & \cdots & 0 \\ 0 & \dfrac{1}{\Delta z_2 \Delta z_3} & \mathrm{i}\omega\mu\left(\dfrac{\sigma_2+\sigma_3}{2}\right)-\left(\dfrac{1}{\Delta z_3^2}+\dfrac{1}{\Delta z_2 \Delta z_3}\right) & \dfrac{1}{\Delta z_3^2} & \cdots & 0 \\ \vdots & & & & \ddots & \vdots \\ 0 & \cdots & \dfrac{1}{\Delta z_{N-1} \Delta z_N} & \mathrm{i}\omega\mu\left(\dfrac{\sigma_{N-1}+\sigma_N}{2}\right)-\left(\dfrac{1}{\Delta z_N^2}+\dfrac{1}{\Delta z_{N-1} \Delta z_N}\right) & \dfrac{1}{\Delta z_N^2} \end{pmatrix} \begin{pmatrix} E_0 \\ E_1 \\ \vdots \\ E_{N-1} \\ E_N \end{pmatrix} = \begin{pmatrix} 0 \\ \vdots \\ 0 \end{pmatrix}$$

$$(6.85)$$

该方程组含有 $N-1$ 个方程以及 $N+1$ 个未知数。

根据上边界条件和下边界条件，式(6.85)可以改写为

$$\begin{pmatrix} 1 & 0 & 0 & 0 & \cdots & 0 \\ \dfrac{1}{\Delta z_1 \Delta z_2} & \mathrm{i}\omega\mu\left(\dfrac{\sigma_1+\sigma_2}{2}\right)-\left(\dfrac{1}{\Delta z_2^2}+\dfrac{1}{\Delta z_1 \Delta z_2}\right) & \dfrac{1}{\Delta z_2^2} & 0 & \cdots & 0 \\ 0 & \dfrac{1}{\Delta z_2 \Delta z_3} & \mathrm{i}\omega\mu\left(\dfrac{\sigma_2+\sigma_3}{2}\right)-\left(\dfrac{1}{\Delta z_3^2}+\dfrac{1}{\Delta z_2 \Delta z_3}\right) & \dfrac{1}{\Delta z_3^2} & \cdots & 0 \\ \vdots & & & \ddots & & \ddots \\ 0 & \cdots & \dfrac{1}{\Delta z_{N-1} \Delta z_N} & \mathrm{i}\omega\mu\left(\dfrac{\sigma_{N-1}+\sigma_N}{2}\right)-\left(\dfrac{1}{\Delta z_N^2}+\dfrac{1}{\Delta z_{N-1} \Delta z_N}\right) & \dfrac{1}{\Delta z_N^2} \\ 0 & \cdots & 0 & & -\dfrac{1}{\Delta z_N} & \dfrac{1}{\Delta z_N}+k \end{pmatrix} \begin{pmatrix} E_0 \\ E_1 \\ \vdots \\ E_{N-1} \\ E_N \end{pmatrix} = \begin{pmatrix} 1 \\ 0 \\ \vdots \\ 0 \end{pmatrix}$$

$$(6.86)$$

这时，方程组含有 $N+1$ 个方程以及 $N+1$ 个未知数。求解式(6.86)即可得到节点处的电场值，从而可以进一步计算模型响应的视电阻率和相位。

下面我们给出非均匀网格有限差分法计算一维大地电磁响应的 Matlab 程序代码，主程序如下：

```
function [Ex, rho_a, phase] = MT1D_FDM_Nonuniform(Nz, S)
% 输入参数
% Nz：剖分单元数
% S：电导率
% fre：频率
% 输出参数
% Ex：电场
% rho_a：视电阻率
% phase：相位
mu = 4e - 7 * pi;
% eps = 8.8419e - 012;
```

```
Dz = Length/Nz;
fre = logspace( - 3,4,40);
for i = 1:size(fre,2)
    omega = 2 * pi * fre(i);
    P = sparse(Nz + 1,1);
    K = sparse(Nz + 1,Nz + 1);
    for j = 2:Nz
        K(j,j - 1:j + 1) = [1/(Dz(j - 1) * Dz(j)),sqrt( - 1) * omega * mu * ...
        ((S(j - 1) + S(j))/2) - 1/(Dz(j) * Dz(j)) - ...
        1/((Dz(j - 1) * Dz(j))),1/(Dz(j) * Dz(j))];
    end
    % 上边界条件
    K(1,1) = 1; P(1) = 1;
    % 下边界条件
    a = sqrt( - sqrt( - 1) * omega * mu * S(end));
    K(end,end - 1) = - 1/Dz(end);K(end,end) = 1/Dz(end) + a;
    P(end) = 0;
    Ex(:,i) = K\P; % 线性方程组求解 - - 直接法
    % 计算视电阻率和相位
    Ex_g = Ex(1,i);
    Hy_g = ( - 11 * Ex(1,i) + 18 * Ex(2,i) - 9 * Ex(3,i) + ...
    2 * Ex(4,i))/(2 * 3 * Dz(1))/(sqrt( - 1) * mu * omega);
    rho_a(i) = abs(Ex_g/Hy_g)^2/mu/omega;
    phase(i) = - atan(imag(Ex_g/Hy_g)/real(Ex_g/Hy_g)) * 180/pi;
end
```

6.4.2　二维非均匀网格的差分解法

采用非均匀网格有限差分法计算二维大地电磁响应，首先对地电模型进行离散化处理，节点(i,j)及相邻节点的离散化处理如图 6.17 所示。

1. TM 极化模式

在单元(i,j)和$(i+1,j)$中心处，采用向后差分公式有

$$\left(\tau\frac{\partial u}{\partial y}\right)_{i,j} \approx \frac{\tau_{i-1,j} + \tau_{i,j}}{2}\frac{u_{i,j} - u_{i-1,j}}{\frac{\Delta y_{i-1} + \Delta y_i}{2}}, \quad \left(\tau\frac{\partial u}{\partial y}\right)_{i+1,j} \approx \frac{\tau_{i,j} + \tau_{i+1,j}}{2}\frac{u_{i+1,j} - u_{i,j}}{\frac{\Delta y_i + \Delta y_{i+1}}{2}}$$

$$(6.87)$$

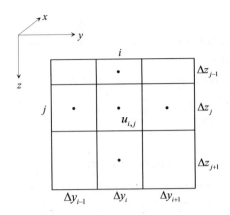

图 6.17 二维模型电磁场非均匀网格离散化处理

再利用向前差分公式有

$$\left[\frac{\partial}{\partial y}\left(\tau\frac{\partial u}{\partial y}\right)\right]_{i,j} \approx \frac{1}{\dfrac{\Delta y_i + \Delta y_{i+1}}{2}}\left[\left(\tau\frac{\partial u}{\partial y}\right)_{i+1,j} - \left(\tau\frac{\partial u}{\partial y}\right)_{i,j}\right]$$

$$\approx \frac{\dfrac{\tau_{i,j}+\tau_{i+1,j}}{2}\dfrac{u_{i+1,j}-u_{i,j}}{\dfrac{\Delta y_i+\Delta y_{i+1}}{2}} - \dfrac{\tau_{i-1,j}+\tau_{i,j}}{2}\dfrac{u_{i,j}-u_{i-1,j}}{\dfrac{\Delta y_{i-1}+\Delta y_i}{2}}}{\dfrac{\Delta y_i+\Delta y_{i+1}}{2}} \tag{6.88}$$

$$= \frac{2(\tau_{i,j}+\tau_{i+1,j})(u_{i+1,j}-u_{i,j})}{(\Delta y_i+\Delta y_{i+1})^2} - \frac{2(\tau_{i-1,j}+\tau_{i,j})(u_{i,j}-u_{i-1,j})}{(\Delta y_{i-1}+\Delta y_i)(\Delta y_i+\Delta y_{i+1})}$$

同理，

$$\left[\frac{\partial}{\partial z}\left(\tau\frac{\partial u}{\partial z}\right)\right]_{i,j} \approx \frac{2(\tau_{i,j}+\tau_{i,j+1})(u_{i,j+1}-u_{i,j})}{(\Delta z_j+\Delta z_{j+1})^2} - \frac{2(\tau_{i,j-1}+\tau_{i,j})(u_{i,j}-u_{i,j-1})}{(\Delta z_{j-1}+\Delta z_j)(\Delta z_j+\Delta z_{j+1})} \tag{6.89}$$

将式(6.88)和式(6.89)代入式(6.57)，可得

$$\left[\frac{\partial}{\partial y}\left(\tau\frac{\partial u}{\partial y}\right)\right]_{i,j} + \left[\frac{\partial}{\partial z}\left(\tau\frac{\partial u}{\partial z}\right)\right]_{i,j} + \lambda u_{i,j} = 0$$

即

$$\frac{2(\tau_{i,j}+\tau_{i+1,j})(u_{i+1,j}-u_{i,j})}{(\Delta y_i+\Delta y_{i+1})^2} - \frac{2(\tau_{i-1,j}+\tau_{i,j})(u_{i,j}-u_{i-1,j})}{(\Delta y_{i-1}+\Delta y_i)(\Delta y_i+\Delta y_{i+1})} +$$

$$\frac{2(\tau_{i,j}+\tau_{i,j+1})(u_{i,j+1}-u_{i,j})}{(\Delta z_j+\Delta z_{j+1})^2} - \frac{2(\tau_{i,j-1}+\tau_{i,j})(u_{i,j}-u_{i,j-1})}{(\Delta z_{j-1}+\Delta z_j)(\Delta z_j+\Delta z_{j+1})} + \lambda u_{i,j} = 0$$

$$\tag{6.90}$$

或写成

$$
\frac{2(\tau_{i,j}+\tau_{i+1,j})}{(\Delta y_i+\Delta y_{i+1})^2}u_{i+1,j}+\frac{2(\tau_{i-1,j}+\tau_{i,j})}{(\Delta y_{i-1}+\Delta y_i)(\Delta y_i+\Delta y_{i+1})}u_{i-1,j}+
$$

$$
\frac{2(\tau_{i,j}+\tau_{i,j+1})}{(\Delta z_j+\Delta z_{j+1})^2}u_{i,j+1}+\frac{2(\tau_{i,j-1}+\tau_{i,j})}{(\Delta z_{j-1}+\Delta z_j)(\Delta z_j+\Delta z_{j+1})}u_{i,j-1}+
$$

$$
\left[-\frac{2(\tau_{i,j}+\tau_{i+1,j})}{(\Delta y_i+\Delta y_{i+1})^2}-\frac{2(\tau_{i-1,j}+\tau_{i,j})}{(\Delta y_{i-1}+\Delta y_i)(\Delta y_i+\Delta y_{i+1})}\right.
$$

$$
\left.-\frac{2(\tau_{i,j}+\tau_{i,j+1})}{(\Delta z_j+\Delta z_{j+1})^2}-\frac{2(\tau_{i,j-1}+\tau_{i,j})}{(\Delta z_{j-1}+\Delta z_j)(\Delta z_j+\Delta z_{j+1})}+\lambda\right]u_{i,j}=0
$$

$$(6.91)$$

　　将式(6.91)推广到所有节点，加入磁场所满足的 4 个边界条件，求解相应线性方程组便可以得到各单元节点的磁场值，从而可以进一步计算 TM 极化模式下二维模型响应的视电阻率和阻抗相位(童孝忠等，2018)。

　　下面，我们给出非均匀网格有限差分法计算 TM 极化模式下二维大地电磁响应的 Matlab 程序代码，主程序如下：

function [Hx, rho_a, phase] = MT2D_TM_FDM_Nonuniform(dy, dz, rho)

%　输入参数

%　dy：横向单元间距(一维向量)

%　dz：纵向单元间距(一维向量)

%　rho：电阻率(电导率的倒数)

%　输出参数

%　Hx：　磁场

%　rho_a：视电阻率

%　phase：阻抗相位

mu = 4e − 7 * pi;

Ny = length(dy);

Nz = length(dz);

L = sparse(Ny * Nz, Ny * Nz);

R = sparse(Ny * Nz, 1);

fre = logspace(−4, 3, 80);　%　计算频点

for nf = 1 : 1 : size(fre, 2)

　%　差分方程组形成

　%　内部节点

　for i = 2 : 1 : Nz − 1

```
for j = 2 : 1 : Ny - 1
    k = (j - 1) * Nz + i;
    L(k,k - Nz) = (rho(i,j - 1) + rho(i,j)) * 2/((dy(j) +...
        dy(j + 1)) * (dy(j - 1) + dy(j)));
    L(k,k + Nz) = (rho(i,j + 1) + rho(i,j)) * 2/((dy(j) +...
        dy(j + 1)) * (dy(j) + dy(j + 1)));
    L(k,k - 1) = (rho(i - 1,j) + rho(i,j)) * 2/((dz(i) +...
        dz(i + 1)) * (dz(i - 1) + dz(i)));
    L(k,k + 1) = (rho(i + 1,j) + rho(i,j)) * 2/((dz(i) +...
        dz(i + 1)) * (dz(i) + dz(i + 1)));
    L(k,k) = sqrt(-1) * 2 * pi * fre(nf) * mu - (rho(i,j - 1) +...
        rho(i,j)) * 2/((dy(j) + dy(j + 1)) * (dy(j - 1) + dy(j))) -...
        (rho(i,j + 1) + rho(i,j)) * 2/((dy(j) + dy(j + 1)) * (dy(j) +...
        dy(j + 1))) - (rho(i - 1,j) + rho(i,j)) * 2/((dz(i) +...
        dz(i + 1)) * (dz(i - 1) + dz(i))) - (rho(i + 1,j) +...
        rho(i,j)) * 2/((dz(i) + dz(i + 1)) * (dz(i) + dz(i + 1)));
    R(k,1) = 0;
    end
end
% 上边界条件
i = 1;
for j = 1 : 1 : Ny
    k = (j - 1) * Nz + i;
    L(k,k) = 1;
    R(k,1) = 1;
end
% 下边界条件
i = Nz;
for j = 1 : 1 : Ny
    k = (j - 1) * Nz + i;
    L(k,k) = 1/dz(end) + sqrt(-sqrt(-1) * 2 * pi * fre(nf) * mu *...
        (1/rho(i,j)));
    L(k,k - 1) = -1/dz(end);
```

```
        R(k,1) = 0;
    end
% 左边界条件
for i = 1:1:Nz
    for j = 1:1:Ny
        k = (j-1) * Nz + i;
        if(j == 1&&i > 1&&i < Nz)
            L(k,k) = -1;L(k,k+Nz) = 1;
            R(k,1) = 0;
        end
    end
end
% 右边界条件
for i = 1:1:Nz
    for j = 1:1:Ny
        k = (j-1) * Nz + i;
        if(j == Ny&&i > 1&&i < Nz)
            L(k,k) = 1;L(k,k-Nz) = -1;
            R(k,1) = 0;
        end
    end
end
% 线性方程组求解
u(:,nf) = L\R;
u = full(u);
u_new(:,:,nf) = reshape(u(:,nf),Nz,Ny);
% 计算大地电磁响应
u1(:,nf) = u_new(1,:,nf);
u2(:,nf) = u_new(2,:,nf);
u3(:,nf) = u_new(3,:,nf);
u4(:,nf) = u_new(4,:,nf);
for i = 1:1:Ny
    ux(i,nf) = ( -11 * u1(i,nf) + 18 * u2(i,nf) - 9 * u3(i,nf) +...
```

$$2 * u4(i,nf))/(2 * 3 * dz(1));$$

$$Zyx(i,nf) = rho(1,i) * ux(i,nf)/u1(i,nf);$$

$$rho\_a(i,nf) = abs(Zyx(i,nf))\char`\^2/(2 * pi * fre(nf) * mu);$$

$$phase(i,nf) = -atan(imag(Zyx(i,nf))/real(Zyx(i,nf))) * 180/pi;$$

end

end

Hx = u_new;

2. TE 极化模式

在单元 (i,j) 和 $(i+1,j)$ 中心处，采用向后差分公式有

$$\left(\frac{\partial u}{\partial y}\right)_{i,j} \approx \frac{u_{i,j} - u_{i-1,j}}{\frac{\Delta y_{i-1} + \Delta y_i}{2}}, \quad \left(\frac{\partial u}{\partial y}\right)_{i+1,j} \approx \frac{u_{i+1,j} - u_{i,j}}{\frac{\Delta y_i + \Delta y_{i+1}}{2}} \tag{6.92}$$

再利用向前差分公式有

$$\left[\frac{\partial}{\partial y}\left(\frac{\partial u}{\partial y}\right)\right]_{i,j} \approx \frac{1}{\frac{\Delta y_i + \Delta y_{i+1}}{2}}\left[\left(\frac{\partial u}{\partial y}\right)_{i+1,j} - \left(\frac{\partial u}{\partial y}\right)_{i,j}\right] \approx \frac{\frac{u_{i+1,j} - u_{i,j}}{\frac{\Delta y_i + \Delta y_{i+1}}{2}} - \frac{u_{i,j} - u_{i-1,j}}{\frac{\Delta y_{i-1} + \Delta y_i}{2}}}{\frac{\Delta y_i + \Delta y_{i+1}}{2}}$$

$$\tag{6.93}$$

同理，

$$\left[\frac{\partial}{\partial z}\left(\frac{\partial u}{\partial z}\right)\right]_{i,j} \approx \frac{\frac{u_{i,j+1} - u_{i,j}}{\frac{\Delta z_j + \Delta z_{j+1}}{2}} - \frac{u_{i,j} - u_{i,j-1}}{\frac{\Delta z_{j-1} + \Delta z_j}{2}}}{\frac{\Delta z_j + \Delta z_{z+1}}{2}} \tag{6.94}$$

将式(6.93)和式(6.94)代入式(6.57)，可得

$$\left[\frac{\partial}{\partial y}\left(\frac{\partial u}{\partial y}\right)\right]_{i,j} + \left[\frac{\partial}{\partial z}\left(\frac{\partial u}{\partial z}\right)\right]_{i,j} + \frac{1}{\tau}\lambda_{i,j}u_{i,j} = 0$$

即

$$\frac{\frac{u_{i+1,j} - u_{i,j}}{\frac{\Delta y_i + \Delta y_{i+1}}{2}} - \frac{u_{i,j} - u_{i-1,j}}{\frac{\Delta y_{i-1} + \Delta y_i}{2}}}{\frac{\Delta y_i + \Delta y_{i+1}}{2}} + \frac{\frac{u_{i,j+1} - u_{i,j}}{\frac{\Delta z_j + \Delta z_{j+1}}{2}} - \frac{u_{i,j} - u_{i,j-1}}{\frac{\Delta z_{j-1} + \Delta z_j}{2}}}{\frac{\Delta z_j + \Delta z_{z+1}}{2}} + \frac{1}{\tau}\lambda_{i,j}u_{i,j} = 0 \tag{6.95}$$

或写成

$$\frac{4}{(\Delta y_i + \Delta y_{i+1})^2} u_{i+1,j} + \frac{4}{(\Delta y_i + \Delta y_{i+1})(\Delta y_{i-1} + \Delta y_i)} u_{i-1,j} + \frac{4}{(\Delta z_i + \Delta z_{i+1})^2} u_{i,j+1} +$$

$$\frac{4}{(\Delta z_i + \Delta z_{i+1})(\Delta z_{i-1} + \Delta z_i)} u_{i,j-1} + \left[-\frac{4}{(\Delta y_i + \Delta y_{i+1})^2} - \frac{4}{(\Delta y_i + \Delta y_{i+1})(\Delta y_{i-1} + \Delta y_i)} - \right.$$

$$\left. \frac{4}{(\Delta z_i + \Delta z_{i+1})^2} - \frac{4}{(\Delta z_i + \Delta z_{i+1})(\Delta z_{i-1} + \Delta z_i)} + \frac{1}{\tau} \lambda_{i,j} \right] u_{i,j} = 0$$

$$(6.96)$$

将式(6.96)推广到所有节点,加入电场所满足的 4 个边界条件,求解相应线性方程组便可以得到各单元节点的电场值,从而可以进一步计算 TE 极化模式下二维模型响应的视电阻率和阻抗相位。

下面,我们给出非均匀网格有限差分法计算 TE 极化模式下二维大地电磁响应的 Matlab 程序代码,主程序如下:

```
function [Ex, rho_a, phase] = MT2D_TE_FDM_Nonuniform(dy, dz_air, dz_earth, rho)
% 输入参数
% dy:      横向单元间距
% dz_air:  纵向单元间距(空气层)
% dz_earth:纵向单元间距(地下介质)
% rho:     电阻率(电导率的倒数)
% 输出参数
% Ex:电场
% rho_a:视电阻率
% phase:阻抗相位
mu = 4e - 7 * pi;
fre = logspace( - 3,3,40);
dz = [dz_air dz_earth];
Ny = length(dy);
Nz_air = length(dz_air);
Nz_earth = length(dz_earth);
Nz = Nz_air + Nz_earth;
L = sparse(Ny * Nz, Ny * Nz);
R = sparse(Ny * Nz,1);
for nf = 1:1:size(fre,2)
    % 差分方程组形成
```

```
%  内部结点
for i = 2 : 1 : Nz − 1
  for j = 2 : 1 : Ny − 1
    k = ( j − 1 ) * Nz + i;
    L( k,k − Nz ) = 4/( ( dy( j ) + dy( j + 1 ) ) * ( dy( j − 1 ) + dy( j ) ) );
    L( k,k + Nz ) = 4/( ( dy( j ) + dy( j + 1 ) ) * ( dy( j ) + dy( j + 1 ) ) );
    L( k,k − 1 ) = 4/( ( dz( i ) + dz( i + 1 ) ) * ( dz( i − 1 ) + dz( i ) ) );
    L( k,k + 1 ) = 4/( ( dz( i ) + dz( i + 1 ) ) * ( dz( i ) + dz( i + 1 ) ) );
    L( k,k ) = sqrt( − 1 ) * 2 * pi * fre( nf ) * mu/rho( i,j ) − ...
      ( 4/( ( dy( j ) + dy( j + 1 ) ) * ( dy( j − 1 ) + dy( j ) ) ) + ...
      4/( ( dy( j ) + dy( j + 1 ) ) * ( dy( j ) + dy( j + 1 ) ) ) ) − ...
      ( 4/( ( dz( i ) + dz( i + 1 ) ) * ( dz( i − 1 ) + dz( i ) ) ) + ...
      4/( ( dz( i ) + dz( i + 1 ) ) * ( dz( i ) + dz( i + 1 ) ) ) );
    R( k,1 ) = 0;
  end
end
%  上边界
i = 1;
for j = 1 : 1 : Ny
  k = ( j − 1 ) * Nz + i;
  L( k,k ) = 1;
  R( k,1 ) = 1;
end
%  下边界
i = Nz;
for j = 1 : 1 : Ny
  k = ( j − 1 ) * Nz + i;
  L( k,k ) = 1/dz( end ) + sqrt( − sqrt( − 1 ) * 2 * pi * fre( nf ) * mu * ...
    ( 1/rho( i,j ) ) );
  L( k,k − 1 ) = − 1/dz( end );
  R( k,1 ) = 0;
end
%  左边界
for i = 1 : 1 : Nz
  for j = 1 : 1 : Ny
    k = ( j − 1 ) * Nz + i;
```

```
            if( j == 1&&i > 1&&i < Nz)
                L( k,k) = -1;L( k,k + Nz) = 1;
                R( k,1) = 0;
            end
        end
    end
    % 右边界
    for i = 1:1:Nz
        for j = 1:1:Ny
            k = ( j - 1) * Nz + i;
            if( j == Ny&&i > 1&&i < Nz)
                L( k,k) = 1;L( k,k - Nz) = -1;
                R( k,1) = 0;
            end
        end
    end
    % 线性方程组求解
    u(:,nf) = L\R;
    u = full( u);
    u_new(:,:,nf) = reshape( u(:,nf),Nz,Ny);
    u1(:,nf) = u_new( Nz_air + 1,:,nf);
    u2(:,nf) = u_new( Nz_air + 2,:,nf);
    u3(:,nf) = u_new( Nz_air + 3,:,nf);
    u4(:,nf) = u_new( Nz_air + 4,:,nf);
    for i = 1:1:Ny
        ux(i,nf) = ( -11 *u1(i,nf) +18 *u2(i,nf) -9 *u3(i,nf) +2 * u4(i,nf))/...
            ( 2 * 3 * dz( Nz_air + 1));
        Zyx(i,nf) = u1(i,nf)/(( 1/( sqrt( -1) * 2 * pi * fre(nf) * mu)) * ux(i,nf));
        rho_a(i,nf) = abs( Zyx(i,nf))^2/( 2 * pi * fre( nf) * mu);
        phase(i,nf) = -atan( imag( Zyx(i,nf))/real( Zyx(i,nf))) * 180/pi;
    end
end
Ex = u_new;
```

第7章 地温场有限差分法正演计算

了解和掌握地壳内部温度场的分布、热流值的变化和地温梯度的变化，不仅对地热理论研究是重要的，而且对地热能的开发和利用也有重要意义。地壳内部温度场的分布受诸多因素的制约，地球深部热量不断向地表传导是形成地温场的决定因素。地壳内部各种岩石的热物理参数的差异，影响着地温场的分布形态。地壳浅部地下水分布很广，地下水易流动，且有大的热容量，地下水的运动形成热对流是影响地温场分布的另一个因素。在地壳中，岩浆侵入形成局部的高温异常，并与围岩进行热交换，构成非稳定的温度分布。地层中的反射性元素是构成热源的主要因素。此外，地温场的分布还受到区域构造形态、地形起伏、沉积与侵蚀作用，以及地表温度变化等诸多因素的影响，因此，模拟地温场的分布是一项复杂的计算工作。

本章利用有限差分法模拟地温场，详细推导常系数与变系数地温场方程的有限差分算法，并编写 Matlab 计算程序。

7.1 常系数与变系数地温场方程

一维地温场偏微分方程可以表示为（Gerya，2009）：

$$\rho c_p \frac{\partial T}{\partial t} = \frac{\partial}{\partial x}\left(k\,\frac{\partial T}{\partial x}\right) \tag{7.1}$$

其中 ρ 是介质密度（单位：kg/m^3）；c_p 是比热容［单位：J/(kg·K)］；k 是热导率［单位：W/(m·K)］，T 为温度。这是一维变系数地温场方程。

若介质的热导率为一常数，式(7.1)可写成

$$\rho c_p \frac{\partial T}{\partial t} = k\,\frac{\partial^2 T}{\partial x^2} \tag{7.2}$$

这是一维常系数地温场方程。

同样，我们可得二维常系数与变系数地温场方程：

$$\rho c_p \frac{\partial T}{\partial t} = k\left(\frac{\partial^2 T}{\partial x^2} + \frac{\partial^2 T}{\partial y^2}\right) \tag{7.3}$$

$$\rho c_p \frac{\partial T}{\partial t} = \frac{\partial}{\partial x}\left(k\,\frac{\partial T}{\partial x}\right) + \frac{\partial}{\partial y}\left(k\,\frac{\partial T}{\partial y}\right) \tag{7.4}$$

7.2　一维地温场方程的差分解法

7.2.1　一维显式差分解法

（1）一维常系数地温场方程求解

将空间变量和时间变量进行网格离散化：

$$\begin{cases} x_i = i\Delta x \quad i = 0, 1, \cdots, N \\ t_n = n\Delta t \quad n = 0, 1, \cdots, M \end{cases}$$

其中 $\Delta x = \dfrac{L}{N}$，$\Delta t = \dfrac{t}{M}$。一维地温场方程求解的显式差分结点分布如图 7.1 所示。

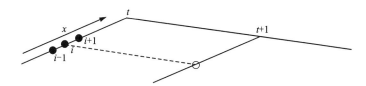

图 7.1　一维地温场方程的显式差分模板

令

$$T_{i,n} = T(x_i, t_n), \ i = 0, 1, \cdots, N; \ n = 0, 1, \cdots, M$$

则

$$\frac{\partial T(x, t)}{\partial t}\bigg|_{\substack{x=x_i \\ t=t_n}} \approx \frac{T(x_i, t_n + \Delta t) - T(x_i, t_n)}{\Delta t} = \frac{T_{i,n+1} - T_{i,n}}{\Delta t}$$

（一阶向前差商）

$$\frac{\partial^2 T(x, t)}{\partial x^2}\bigg|_{\substack{x=x_i \\ t=t_n}} \approx \frac{T(x_i + \Delta x, t_n) - 2T(x_i, t_n) + T(x_i - \Delta x, t_n)}{(\Delta x)^2}$$

$$= \frac{T_{i+1,n} - 2T_{i,n} + T_{i-1,n}}{(\Delta x)^2}$$

（二阶中心差商）

于是，常系数一维地温场方程可化为差分方程形式

$$\rho c_p \frac{T_{i,n+1} - T_{i,n}}{\Delta t} = k \frac{T_{i+1,n} - 2T_{i,n} + T_{i-1,n}}{(\Delta x)^2}$$

记 $\kappa = \dfrac{k}{\rho c_p}$ 为一常数，且 $\lambda = \dfrac{\kappa \Delta t}{(\Delta x)^2}$，整理上式可得

$$T_{i,n+1} = \lambda T_{i+1,n} + (1 - 2\lambda) T_{i,n} + \lambda T_{i-1,n} \tag{7.5}$$

可以清楚地看到，根据初始条件与边界条件，差分方程（7.1）可按 t 增加的方向逐排求解。很明显，式（7.5）是一种显式差分格式。

下面，我们利用常系数显式差分格式计算一维均匀模型的地温场。模型的介质密度 $\rho = 3000$ kg/m^3，比热容 $c_p = 1000$ J/(kg · K)，热导率 $k = 3$ W/(m · K)，左、右边界均为第一类边界条件，且边界处的温度为 1000 K，同时初始温度设置如图 7.2 所示。有限差分计算的剖分网格数取为 $N = 50$，网格间距 $\Delta x = 20000$ m，时间间隔 $\Delta t = 5$ Ma，满足稳定性条件。

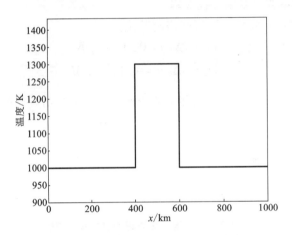

图 7.2　一维模型的初始温度分布

一维常系数显式差分计算的 Matlab 代码如下：

```
% 一维常系数地温场方程的显式差分解法
clear all;
% 模型参数
xsize = 1000000;
xnum = 51;
dx = xsize/(xnum - 1);
x = 0 : dx : xsize;
tnum = 61;
k = 3;
cp = 1000;
rho = 3000;
rhocp = rho * cp;
kappa = k/rhocp;
% 设置时间间隔,单位:Ma
dt = 5 * (1e + 6 * 365.25 * 24 * 3600);
```

```
alpha = kappa * dt/(dx * dx); % 稳定性条件(alpha < =0.5)
% 设置初始温度分布
T_back = 1000;
T_wave = 1300;
T = zeros(xnum,tnum);
% 初始条件
for i = 1:xnum
    T(i,1) = T_back;
    if(x(i) > xsize * 0.4&&x(i) < xsize * 0.6)
        T(i,1) = T_wave;
    end
end
% 边界条件
for n = 1:tnum
    T(1,n) = T_back;
    T(xnum,n) = T_back;
end
% 显式差分计算
for n = 1:1:tnum - 1
    for i = 2:1:xnum - 1
        T(i,n + 1) = dt * kappa * (T(i - 1,n) - 2 * T(i,n) + ...
            T(i + 1,n))/dx^2 + T(i,n);
    end
    time = n * dt;
    % 图示计算结果
    plot(x/1000,T(:,n + 1),'r');
    axis([0 xsize/1000 0.9 * T_back 1.1 * T_wave]);
    title(['显式解: t = ',num2str(time/(1e +6 * 365.25 * 24 * 3600)),'Ma']);
    xlabel('x(km)');
    ylabel('Temperature(K)');
    drawnow
    pause(0.1);
end
```

利用上述一维常系数显式差分程序计算并图示 $t = 50\text{Ma}$、100Ma、150Ma、200Ma、250Ma 和 300Ma 时一维均匀模型的地温场分布,如图 7.3 所示。

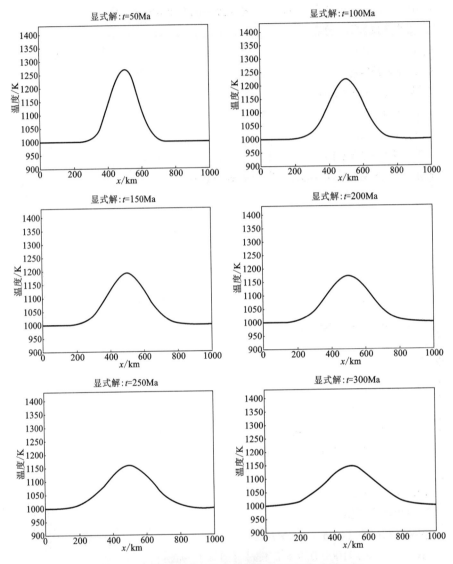

图7.3 一维常系数地温场模型的显式差分计算结果

（2）一维变系数地温场方程求解

$$\frac{\partial}{\partial x}\left(k\,\frac{\partial T}{\partial x}\right)\Big|_{\substack{x=x_i\\t=t_n}} \approx \frac{1}{\Delta x}\left[\left(k\,\frac{\partial T}{\partial x}\right)_{i+\frac{1}{2},\,n} - \left(k\,\frac{\partial T}{\partial x}\right)_{i-\frac{1}{2},\,n}\right]$$

$$\approx \frac{k_i + k_{i+1}}{2}\,\frac{T_{i+1,\,n} - T_{i,\,n}}{\Delta x^2} - \frac{k_i + k_{i-1}}{2}\,\frac{T_{i,\,n} - T_{i-1,\,n}}{\Delta x^2} \tag{7.6}$$

于是，变系数一维地温场方程可化为差分方程形式

$$\rho c_p \frac{T_{i,\,n+1} - T_{i,\,n}}{\Delta t} = \frac{k_i + k_{i+1}}{2} \frac{T_{i+1,\,n} - T_{i,\,n}}{\Delta x^2} - \frac{k_i + k_{i-1}}{2} \frac{T_{i,\,n} - T_{i-1,\,n}}{\Delta x^2}$$

记 $\lambda = \dfrac{\Delta t}{\rho c_p (\Delta x)^2}$，整理上式可得

$$T_{i,\,n+1} = \frac{\lambda}{2} [(k_i + k_{i+1})(T_{i+1,\,n} - T_{i,\,n}) - (k_i + k_{i-1})(T_{i,\,n} - T_{i-1,\,n})] + T_{i-1,\,n}$$

$$(7.7)$$

根据初始条件与边界条件，差分方程(7.7)可按 t 增加的方向逐排求解。

下面，我们利用变系数显式差分格式计算一维均匀模型的地温场。模型的介质密度 $\rho = 3000 \ \mathrm{kg/m^3}$，比热容 $c_p = 1000 \ \mathrm{J/(kg \cdot K)}$，背景热导率 $k = 3 \ \mathrm{W/(m \cdot K)}$，热源位置的热导率 $k = 10 \ \mathrm{W/(m \cdot K)}$（400 至 600 km 处），左、右边界均为第一类边界条件，且边界处的温度为 1000 K，同时初始温度设置如图 7.2 所示。有限差分计算的剖分网格数取为 $N = 50$，网格间距 $\Delta x = 20000 \ \mathrm{m}$，时间间隔 $\Delta t = 1\mathrm{Ma}$，满足稳定性条件。

一维变系数显式差分计算的 Matlab 代码如下：

```
%  一维变系数地温场方程的显式差分解法
clear all;
%  模型参数
xsize = 1000000;
xnum = 61;
dx = xsize/(xnum - 1);
x = 0:dx:xsize;
tnum = 301;
for i = 1:xnum
  k(i) = 3;
  if(x(i) > xsize * 0.4&&x(i) < xsize * 0.6)
    k(i) = 10;
  end
end
cp = 1000;
rho = 3000;
rhocp = rho * cp;
%  设置时间间隔,单位:Ma
dt = 1 * (1e + 6 * 365.25 * 24 * 3600);
Lambda = dt/(rhocp * dx * dx);
```

```
alpha = max(k) * dt/(rhocp * dx * dx); % 稳定性条件(alpha < = 0.5)
% 设置初始温度分布
T_back = 1000;
T_wave = 1300;
T = zeros(xnum,tnum);
% 初始条件
for i = 1:xnum
  T(i,1) = T_back;
  if(x(i) > xsize * 0.4&&x(i) < xsize * 0.6)
    T(i,1) = T_wave;
  end
end
% 边界条件
for n = 1:tnum
  T(1,n) = T_back;
  T(xnum,n) = T_back;
end
% 显式差分计算
for n = 1:1:tnum - 1
  for i = 2:1:xnum - 1
    T(i,n + 1) = 0.5 *Lambda *((k(i + 1) + k(i)) *(T(i + 1,n) - T(i,n)) - ...
    ((k(i) + k(i - 1))) * (T(i,n) - T(i - 1,n))) + T(i,n);
  end
  time = n * dt;
  % 图示计算结果
  plot(x/1000,T(:,n + 1),'r');
  axis([0 xsize/1000 0.9 * T_back 1.1 * T_wave]);
  title(['显式解: t = ',num2str(time/(1e + 6 * 365.25 * 24 * 3600)),'Ma']);
  xlabel('x(km)');
  ylabel('Temperature(K)');
  drawnow
  pause(0.1);
end
```

利用上述一维变系数显式差分程序计算并图示 $t = 50\text{Ma}$、100Ma、150Ma、200Ma、250Ma 和 300Ma 时一维均匀模型的地温场分布,如图 7.4 所示。

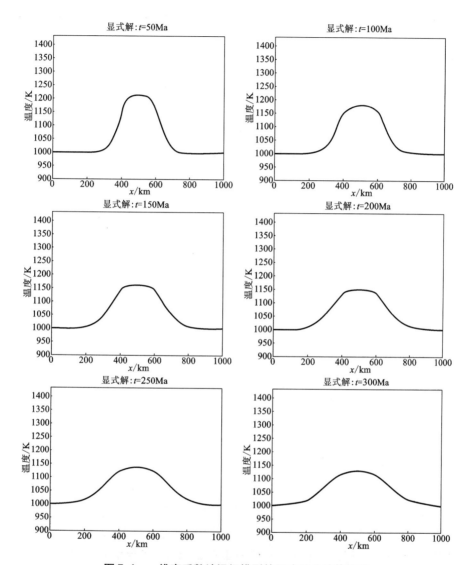

图7.4　一维变系数地温场模型的显式差分计算结果

7.2.2　一维隐式差分解法

（1）一维常系数地温场方程求解

将空间变量和时间变量进行网格离散化：

$$\begin{cases} x_i = i\Delta x, \ i = 0, \ 1, \ \cdots, \ N \\ t_n = n\Delta t, \ n = 0, \ 1, \ \cdots, \ M \end{cases}$$

其中 $\Delta x = \dfrac{L}{N}$，$\Delta t = \dfrac{t}{M}$。一维地温场方程求解的隐式差分结点分布如图 7.5 所示。

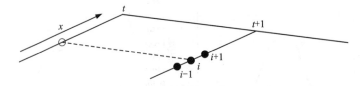

图 7.5　一维地温场方程的隐式差分模板

令

$$T_{i,n} = T(x_i,\ t_n)，i = 0,\ 1,\ \cdots,\ N;\ n = 0,\ 1,\ \cdots,\ M$$

则

$$\left.\frac{\partial T(x,\ t)}{\partial t}\right|_{\substack{x = x_i \\ t = t_{n+1}}} \approx \frac{T(x_i,\ t_n + \Delta t) - T(x_i,\ t_n)}{\Delta t} = \frac{T_{i,n+1} - T_{i,n}}{\Delta t}$$

$$\left.\frac{\partial^2 T(x,\ t)}{\partial x^2}\right|_{\substack{x = x_i \\ t = t_{n+1}}} \approx \frac{T(x_i + \Delta x,\ t_{n+1}) - 2T(x_i,\ t_{n+1}) + T(x_i - \Delta x,\ t_{n+1})}{(\Delta x)^2}$$

$$= \frac{T_{i+1,n+1} - 2T_{i,n+1} + T_{i-1,n+1}}{(\Delta x)^2}$$

于是，常系数一维地温场方程可化为差分方程形式

$$\rho c_p \frac{T_{i,n+1} - T_{i,n}}{\Delta t} = k \frac{T_{i+1,n+1} - 2T_{i,n+1} + T_{i-1,n+1}}{(\Delta x)^2}$$

记 $\kappa = \dfrac{k}{\rho c_p}$ 为一常数，且 $\lambda = \dfrac{\kappa \Delta t}{(\Delta x)^2}$，整理上式可得

$$-\lambda T_{i+1,n+1} + (1 + 2\lambda) T_{i,n+1} - \lambda T_{i-1,n+1} = T_{i,n} \tag{7.8}$$

加入初始条件与边界条件，差分格式(7.8)为全隐式差分格式。

下面，我们利用常系数隐式差分格式计算一维均匀模型的地温场。模型的介质密度 $\rho = 3000\ \mathrm{kg/m^3}$，比热容 $c_p = 1000\ \mathrm{J/(kg \cdot K)}$，热导率 $k = 3\ \mathrm{W/(m \cdot K)}$，左、右边界均为第一类边界条件，且边界处的温度为 1000 K，同时初始温度设置如图 7.2 所示。有限差分计算的剖分网格数取为 $N = 50$，网格间距 $\Delta x = 20000$ m，时间间隔 $\Delta t = 5\mathrm{Ma}$。

一维常系数隐式差分计算的 Matlab 代码如下：

```
%  一维常系数地温场方程的隐式差分解法
clear all;
%  模型参数设置
xsize = 1000000;
```

```
xnum = 51;
dx = xsize/(xnum - 1);
x = 0:dx:xsize;
tnum = 61;
k = 3;
cp = 1000;
rho = 3000;
rhocp = rho * cp;
kappa = k/rhocp;
% 设置时间间隔,单位:Ma
dt = 5 * (1e + 6 * 365. 25 * 24 * 3600);
alpha = kappa * dt/(dx * dx);
% 设置初始温度分布
T_back = 1000;
T_wave = 1300;
T = zeros(xnum,tnum);
% 初始条件
for i = 1:xnum
  T(i,1) = T_back;
  if(x(i) > xsize * 0. 4&&x(i) < xsize * 0. 6)
    T(i,1) = T_wave;
  end
end
% 边界条件
for n = 1:tnum
  T(1,n) = T_back;
  T(xnum,n) = T_back;
end
% 隐式差分计算
for n = 2:tnum
  time = (n - 1) * dt;
  L = sparse(xnum,xnum);
  R = zeros(xnum,1);
  for i = 1:xnum
    if(i == 1||i == xnum)
```

```
            L(i,i) = 1;
            R(i,1) = T_back;
        else
            L(i,i-1) = - alpha;
            L(i,i) = 1 + 2 * alpha;
            L(i,i+1) = - alpha;
            R(i,1) = T(i,n-1);
        end
    end
    T(:,n) = L\R;
    % 图示计算结果
    plot(x/1000,T(:,n),'r');
    axis([0 xsize/1000 0.9 * T_back 1.1 * T_wave]);
    title(['隐式解：t = ',num2str(time/(1e + 6 * 365.25 * 24 * 3600))],'Ma');
    xlabel('x(km)');
    ylabel('Temperature(K)');
    drawnow
    pause(0.1);
end
```

利用上述一维常系数隐式差分程序计算并图示 $t = 50\text{Ma}$、100Ma、150Ma、200Ma、250Ma 和 300Ma 时一维均匀模型的地温场分布，如图7.6所示。

（2）一维变系数地温场方程求解

$$\frac{\partial}{\partial x}\left(k\frac{\partial T}{\partial x}\right)\bigg|_{\substack{x=x_i \\ t=t_{n+1}}} \approx \frac{1}{\Delta x}\left[\left(k\frac{\partial T}{\partial x}\right)_{i+\frac{1}{2},\,n+1} - \left(k\frac{\partial T}{\partial x}\right)_{i-\frac{1}{2},\,n+1}\right]$$

$$\approx \frac{k_i + k_{i+1}}{2}\frac{T_{i+1,\,n+1} - T_{i,\,n+1}}{\Delta x^2} - \frac{k_i + k_{i-1}}{2}\frac{T_{i,\,n+1} - T_{i-1,\,n+1}}{\Delta x^2}$$

$$(7.9)$$

于是，变系数一维地温场方程可化为差分方程形式

$$\rho c_p \frac{T_{i,\,n+1} - T_{i,\,n}}{\Delta t} = \frac{k_i + k_{i+1}}{2}\frac{T_{i+1,\,n+1} - T_{i,\,n+1}}{\Delta x^2} - \frac{k_i + k_{i-1}}{2}\frac{T_{i,\,n+1} - T_{i-1,\,n+1}}{\Delta x^2}$$

记 $\lambda = \dfrac{\Delta t}{\rho c_p (\Delta x)^2}$，整理上式可得

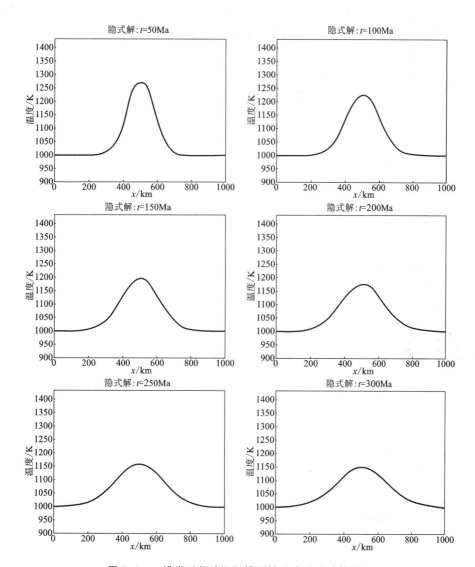

图7.6　一维常系数地温场模型的隐式差分计算结果

$$-\frac{\lambda}{2}(k_i + k_{i+1})T_{i+1,n+1} + \left[1 + \frac{\lambda}{2}(2k_i + k_{i-1} + k_{i-1})\right]T_{i,n+1} - \frac{\lambda}{2}(k_i + k_{i-1})T_{i-1,n+1}$$

$$= T_{i-1,n} \tag{7.10}$$

加入初始条件与边界条件，差分格式(7.10)为全隐式差分格式。

下面，我们利用变系数隐式差分格式计算一维均匀模型的地温场。模型的介质密度 $\rho = 3000 \text{ kg/m}^3$，比热容 $c_p = 1000 \text{ J/(kg·K)}$，背景热导率 $k = 3 \text{ W/(m·K)}$，

热源位置的热导率 $k = 10\ \mathrm{W/(m \cdot K)}$（400~600 km），左、右边界均为第一类边界条件，且边界处的温度为 1000 K，同时初始温度设置如图 7.2 所示。有限差分计算的剖分网格数取为 $N = 100$，网格间距 $\Delta x = 20000\ \mathrm{m}$，时间间隔 $\Delta t = 5\mathrm{Ma}$。

一维变系数显式差分计算的 Matlab 代码如下：

```
% 一维变系数地温场方程的隐式差分解法
clear all;
% 模型参数
xsize = 1000000;
xnum = 101;
dx = xsize/(xnum - 1);
x = 0 : dx : xsize;
tnum = 61;
for i = 1 : xnum
    k(i) = 3;
    if(x(i) > xsize * 0.4&&x(i) < xsize * 0.6)
        k(i) = 10;
    end
end
cp = 1000;
rho = 3000;
rhocp = rho * cp;
% 设置时间间隔,单位:Ma
dt = 5 * (1e + 6 * 365.25 * 24 * 3600);
Lambda = dt/rhocp/(dx * dx);
% 设置初始温度分布
T_back = 1000;
T_wave = 1300;
T = zeros(xnum,tnum);
% 初始条件
for i = 1 : xnum
    T(i,1) = T_back;
    if(x(i) > xsize * 0.4&&x(i) < xsize * 0.6)
        T(i,1) = T_wave;
    end
end
```

```
% 边界条件
for n = 1 : tnum
   T( 1 , n) = T_back;
   T( xnum , n) = T_back;
end
% 隐式差分计算
for n = 2 : tnum
   time = ( n - 1 ) * dt;
   L = sparse( xnum , xnum);
   R = zeros( xnum , 1);
   for i = 1 : xnum
      if( i == 1 | | i == xnum)
         L( i , i) = 1;
         R( i , 1) = T_back;
      else
         L( i , i - 1) = -0.5 * Lambda * ( k( i) + k( i - 1));
         L( i , i) = 1 + 0.5 * Lambda * ( 2 * k( i) + k( i + 1) + k( i - 1));
         L( i , i + 1) = -0.5 * Lambda * ( k( i) + k( i + 1));
         R( i , 1) = T( i , n - 1);
      end
   end
   T(:, n) = L\R;
   % 图示计算结果
   plot( x/1000 , T(:, n) , 'r');
   axis( [ 0 xsize/1000 0.9 * T_back 1.1 * T_wave]);
   title( [ '隐式解: t = ' , num2str( time/( 1e + 6 * 365.25 * 24 * 3600)) , 'Ma']);
   xlabel( 'x( km)');
   ylabel( 'Temperature( K)');
   drawnow
   pause( 0.1);
end
```

利用上述一维变系数隐式差分程序计算并图示 $t = 50\text{Ma}$、100Ma、150Ma、200Ma、250Ma 和 300Ma 时一维均匀模型的地温场分布，如图 7.7 所示。

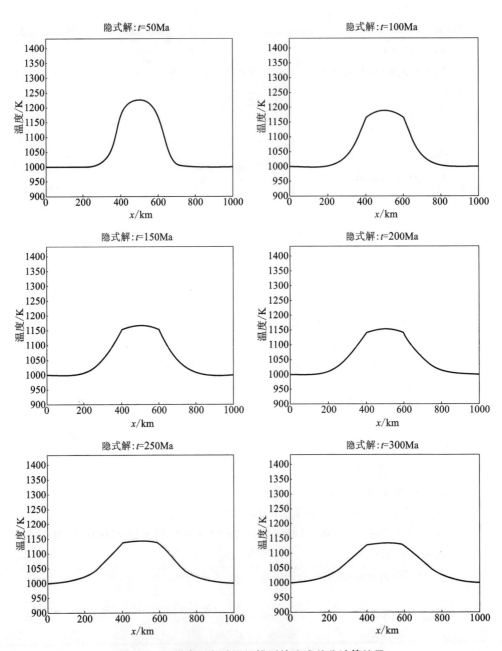

图 7.7　一维变系数地温场模型的隐式差分计算结果

7.3　二维地温场方程的差分解法

7.3.1　二维显式差分解法

（1）二维常系数地温场方程求解

将空间变量和时间变量进行网格离散化：

$$\begin{cases} x_i = i\Delta x,\ i = 0,\ 1,\ \cdots,\ N_1 \\ z_j = j\Delta z,\ j = 0,\ 1,\ \cdots,\ N_2 \\ t_n = n\Delta t,\ n = 0,\ 1,\ \cdots,\ N_3 \end{cases}$$

其中 $\Delta x = \dfrac{a}{N_1}$，$\Delta y = \dfrac{b}{N_2}$，$\Delta t = \dfrac{t}{N_3}$。二维地温场方程求解的显式差分结点分布如图 7.8 所示。

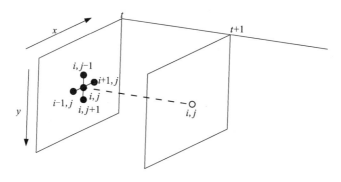

图 7.8　二维地温场方程的显式差分模板

令

$$T_{i,j}^n = T(x_i,\ y_j,\ t_n),\ i = 0,\ 1,\ \cdots,\ N_1;\ j = 0,\ 1,\ \cdots,\ N_2;\ n = 0,\ 1,\ \cdots,\ N_3$$

则

$$\left. \frac{\partial T(x,\ y,\ t)}{\partial t} \right|_{\substack{x=x_i \\ y=y_j \\ t=t_n}} \approx \frac{T(x_i,\ y_j,\ t_n + \Delta t) - T(x_i,\ y_j,\ t_n)}{\Delta t} = \frac{T_{i,j}^{n+1} - T_{i,j}^n}{\Delta t}$$

$$\left. \frac{\partial^2 T(x,\ y,\ t)}{\partial x^2} \right|_{\substack{x=x_i \\ y=y_j \\ t=t_n}} \approx \frac{T(x_i + \Delta x,\ y_j,\ t_n) - 2T(x_i,\ y_j,\ t_n) + T(x_i - \Delta x,\ y_j,\ t_n)}{(\Delta x)^2}$$

$$= \frac{T_{i+1,j}^n - 2T_{i,j}^n + T_{i-1,j}^n}{(\Delta x)^2}$$

$$\frac{\partial^2 T(x, y, t)}{\partial y^2}\bigg|_{\substack{x=x_i\\y=y_j\\t=t_n}} \approx \frac{T(x_i, y_j+\Delta y, t_n) - 2T(x_i, y_j, t_n) + T(x_i, y_j-\Delta y, t_n)}{(\Delta y)^2}$$

$$= \frac{T_{i,j+1}^n - 2T_{i,j}^n + T_{i,j-1}^n}{(\Delta y)^2}$$

于是，二维常系数地温场方程可化为差分方程形式：

$$\rho c_p \frac{T_{i,j}^{n+1} - T_{i,j}^n}{\Delta t} = k\left[\frac{T_{i+1,j}^n - 2T_{i,j}^n + T_{i-1,j}^n}{(\Delta x)^2} + \frac{T_{i,j+1}^n - 2T_{i,j}^n + T_{i,j-1}^n}{(\Delta y)^2}\right]$$

即

$$T_{i,j}^{n+1} = T_{i,j}^n + \frac{k\Delta t}{\rho c_p}\left[\frac{T_{i+1,j}^n - 2T_{i,j}^n + T_{i-1,j}^n}{(\Delta x)^2} + \frac{T_{i,j+1}^n - 2T_{i,j}^n + T_{i,j-1}^n}{(\Delta y)^2}\right] \quad (7.11)$$

可以清楚地看到，根据初始条件与边界条件，差分方程（7.11）是一种显式差分格式，可按 t 增加的方向逐排求解。

下面，我们利用常系数显式差分格式计算二维均匀模型的地温场。模型的介质密度 $\rho = 3000$ kg/m^3，比热容 $c_p = 1000$ J/(kg·K)，热导率 $k = 3$ W/(m·K)，边界均为第一类边界条件，且边界处的温度为 1000 K，同时初始温度设置如图 7.9 所示。有限差分计算的剖分网格数取为 $N_x = N_y = 50$，网格间距 $\Delta x = \Delta y = 20000$ m，时间间隔 $\Delta t = 1$Ma，满足稳定性条件。

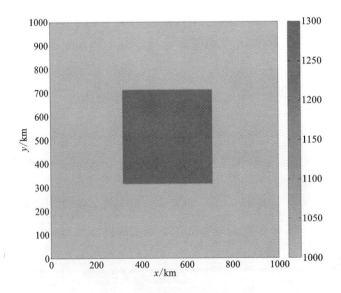

图 7.9 二维模型的初始温度分布

二维常系数显式差分计算的 Matlab 代码如下：

```
% 二维常系数地温场方程的显式差分解法
clear all;
% 模型参数设置
xsize = 1000000;
ysize = 1000000;
xnum = 51;
ynum = 51;
dx = xsize/(xnum - 1);
dy = ysize/(ynum - 1);
tnum = 301;
k = 3;
cp = 1000;
rho = 3000;
rhocp = rho * cp;
kappa = k/rhocp;
x = 0:dx:xsize;
y = 0:dy:ysize;
% 时间间隔设置,单位:Ma
dt = 1 * (1e + 6 * 365.25 * 24 * 3600);
alpha = kappa * dt * (1/dx^2 + 1/dy^2); % 稳定性条件(alpha < =0.5)
% 设置初始温度分布
T_back = 1000;
T_wave = 1300;
T = zeros(ynum,xnum,tnum);
% 初始条件
for i = 1:1:ynum
    for j = 1:1:xnum
        if(y(i) > ysize * 0.3&&y(i) < ysize * 0.7&&x(j) > xsize * ...
        0.3&&x(j) < xsize * 0.7)
        T(i,j,1) = T_wave;
        else
        T(i,j,1) = T_back;
        end
    end
end
```

```
    end
  % 边界条件
  for n = 1:tnum
    T(1,:,n) = T_back;
    T(ynum,:,n) = T_back;
    T(:,1,n) = T_back;
    T(:,xnum,n) = T_back;
  end
  % 显式差分法计算
  for n = 2:tnum
    time = (n - 1) * dt;
    for i = 2:ynum - 1
      for j = 2:xnum - 1
        T(i,j,n) = dt * kappa * ((T(i,j - 1,n - 1) - 2 * T(i,j,n - 1) + ...
            T(i,j + 1,n - 1))/dx^2 + (T(i - 1,j,n - 1) - ...
            2 * T(i,j,n - 1) + T(i + 1,j,n - 1))/dy^2) + T(i,j,n - 1);
      end
    end
    % 图示计算结果
    imagesc(x/1000,y/1000,T(:,:,n));
    colorbar;
    title(['显式解: t = ',num2str(time/(1e + 6 * 365.25 * 24 * 3600)),'Ma']);
    xlabel('x(km)');
    ylabel('y(km)');
    zlabel('Temperature(K)');
    drawnow;
    pause(0.1);
  end
```

利用上述二维常系数显式差分程序计算并图示 $t = 50\mathrm{Ma}$、$100\mathrm{Ma}$、$150\mathrm{Ma}$、$200\mathrm{Ma}$、$250\mathrm{Ma}$ 和 $300\mathrm{Ma}$ 时二维均匀模型的地温场分布, 如图 7.10 所示。

(2)二维变系数地温场方程求解

对于研究区域的内部节点, 在节点 (x_i, y_j, t_n) 处, 采用有限差分近似计算偏导数:

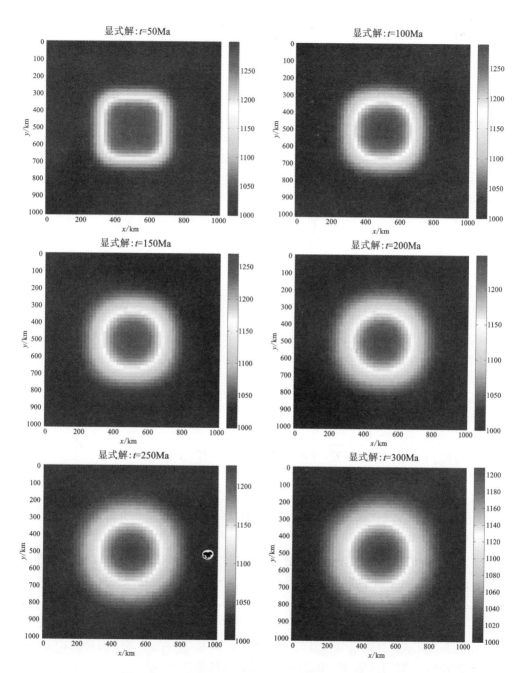

图 7.10 二维常系数地温场模型的显式差分计算结果

$$\left[\frac{\partial}{\partial x}\left(k\frac{\partial T}{\partial x}\right)\right]_{i,j,n} \approx \frac{1}{\Delta x}\left[\left(k\frac{\partial T}{\partial x}\right)_{i+\frac{1}{2},j,n} - \left(k\frac{\partial T}{\partial x}\right)_{i-\frac{1}{2},j,n}\right]$$

$$\approx \frac{k_{i,j}+k_{i+1,j}}{2}\frac{T_{i+1,j}^n - T_{i,j}^n}{\Delta x^2} - \frac{k_{i,j}+k_{i-1,j}}{2}\frac{T_{i,j}^n - T_{i-1,j}^n}{\Delta x^2}$$

和

$$\left[\frac{\partial}{\partial y}\left(k\frac{\partial T}{\partial y}\right)\right]_{i,j,n} \approx \frac{1}{\Delta y}\left[\left(k\frac{\partial T}{\partial y}\right)_{i+\frac{1}{2},j,n} - \left(k\frac{\partial T}{\partial y}\right)_{i-\frac{1}{2},j,n}\right]$$

$$\approx \frac{k_{i,j}+k_{i+1,j}}{2}\frac{T_{i+1,j}^n - T_{i,j}^n}{\Delta y^2} - \frac{k_{i,j}+k_{i-1,j}}{2}\frac{T_{i,j}^n - T_{i-1,j}^n}{\Delta y^2}$$

以及

$$\left.\frac{\partial T}{\partial t}\right|_{i,j,n} \approx \frac{T_{i,j}^{n+1} - T_{i,j}^n}{\Delta t}$$

于是，二维变系数地温场方程可化为差分方程形式：

$$\rho c_p \frac{T_{i,j}^{n+1} - T_{i,j}^n}{\Delta t} = \left(\frac{k_{i,j}+k_{i+1,j}}{2}\frac{T_{i+1,j}^n - T_{i,j}^n}{\Delta x^2} - \frac{k_{i,j}+k_{i-1,j}}{2}\frac{T_{i,j}^n - T_{i-1,j}^n}{\Delta x^2}\right) +$$

$$\left(\frac{k_{i,j}+k_{i+1,j}}{2}\frac{T_{i+1,j}^n - T_{i,j}^n}{\Delta y^2} - \frac{k_{i,j}+k_{i-1,j}}{2}\frac{T_{i,j}^n - T_{i-1,j}^n}{\Delta y^2}\right)$$

$$(7.12)$$

整理后，得

$$T_{i,j}^{n+1} = T_{i,j}^n + \frac{\Delta t}{\rho c_p}\left[\left(\frac{k_{i,j}+k_{i+1,j}}{2}\frac{T_{i+1,j}^n - T_{i,j}^n}{\Delta x^2} - \frac{k_{i,j}+k_{i-1,j}}{2}\frac{T_{i,j}^n - T_{i-1,j}^n}{\Delta x^2}\right) +\right.$$

$$\left.\left(\frac{k_{i,j}+k_{i,j+1}}{2}\frac{T_{i,j+1}^n - T_{i,j}^n}{\Delta y^2} - \frac{k_{i,j}+k_{i,j-1}}{2}\frac{T_{i,j}^n - T_{i,j-1}^n}{\Delta y^2}\right)\right]$$

$$(7.13)$$

加入初始条件与边界条件，差分方程(7.13)可按 t 增加的方向逐排求解，它是一种显式差分格式。

下面，我们利用变系数显式差分格式计算二维模型的地温场。模型的介质密度 $\rho = 3000\ kg/m^3$，比热容 $c_p = 1000\ J/(kg \cdot K)$，背景热导率 $k = 3\ W/(m \cdot K)$，热源位置的热导率 $k = 10\ W/(m \cdot K)$（x 方向 $300 \sim 700\ km$、y 方向 $300 \sim 700\ km$ 处）。边界均取为第一类边界条件，且边界处的温度为 $1000\ K$，同时初始温度设置如图 7.9 所示。有限差分计算的剖分网格数取为 $N_x = N_y = 50$，网格间距 $\Delta x = \Delta y = 20000\ m$，时间间隔 $\Delta t = 0.5 Ma$，满足稳定性条件。

二维变系数显式差分计算的 Matlab 代码如下：

```
% 二维变系数地温场方程的显式差分解法
clear all;
```

```
% 模型参数设置
xsize = 1000000;
ysize = 1000000;
xnum = 51;
ynum = 51;
dx = xsize/(xnum - 1);
dy = ysize/(ynum - 1);
x = 0 : dx : xsize;
y = 0 : dy : ysize;
tnum = 601;
for i = 1 : 1 : ynum
    for j = 1 : 1 : xnum
        k(i,j) = 3;
        if(y(i) > ysize * 0.3 && y(i) < ysize * 0.7 && x(j) > xsize * ...
            0.3 && x(j) < xsize * 0.7)
            k(i,j) = 10;
        end
    end
end
cp = 1000;
rho = 3000;
rhocp = rho * cp;
% 时间间隔设置,单位:Ma
dt = 0.5 * (1e + 6 * 365.25 * 24 * 3600);
Lambda = dt/rhocp;
alpha = Lambda * max(max(k)) * (1/dx^2 + 1/dy^2);%稳定性条件(alpha < =0.5)
% 设置初始温度分布
T_back  = 1000;
T_wave = 1300;
T = zeros(ynum,xnum,tnum);
% 初始条件
for i = 1 : 1 : ynum
    for j = 1 : 1 : xnum
        T(i,j,1) =  T_back;
        if(y(i) > ysize * 0.3 && y(i) < ysize * 0.7 && x(j) > xsize * 0.3 && x(j) <
```

```
xsize * 0.7)
               T(i,j,1) = T_wave;
         end
      end
   end
   % 边界条件
   for n = 1:tnum
     T(1,:,n) = T_back;
     T(ynum,:,n) = T_back;
     T(:,1,n) = T_back;
     T(:,xnum,n) = T_back;
   end
   % 显式差分法计算
   for n = 2:tnum
     time = (n - 1) * dt;
     for i = 2:ynum - 1
       for j = 2:xnum - 1
          T(i,j,n) = Lambda * (0.5 * (k(i,j) + k(i+1,j)) * (T(i+1,j,n-1) - ...
            T(i,j,n-1)) - 0.5 * (k(i,j) + k(i-1,j)) * (T(i,j,n-1) - ...
            T(i-1,j,n-1)))/dx^2 + Lambda * (0.5 * (k(i,j) + k(i,j+1)) * ...
            (T(i,j+1,n-1) - T(i,j,n-1)) - 0.5 * (k(i,j) + k(i,j-1)) * ...
            (T(i,j,n-1) - T(i,j-1,n-1)))/dy^2 + T(i,j,n-1);
       end
     end
     % 图示计算结果
     imagesc(x/1000,y/1000,T(:,:,n));
     colorbar;
     title(['显式解: t = ',num2str(time/(1e + 6 * 365.25 * 24 * 3600)),'Ma']);
     xlabel('x(km)');
     ylabel('y(km)');
     drawnow;
     pause(0.1);
   end
```

利用上述二维变系数显式差分程序计算并图示 $t = 50\mathrm{Ma}$、$100\mathrm{Ma}$、$150\mathrm{Ma}$、$200\mathrm{Ma}$、$250\mathrm{Ma}$ 和 $300\mathrm{Ma}$ 时二维模型的地温场分布，如图7.11所示。

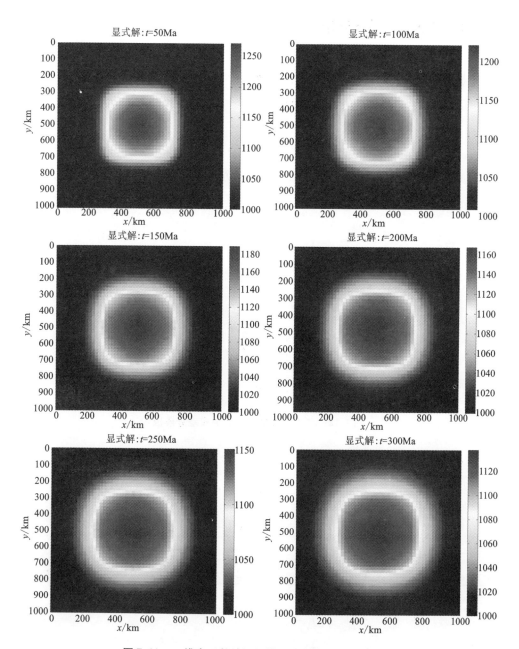

图 7.11　二维变系数地温场模型的显式差分计算结果

7.3.2　二维隐式差分解法

（1）二维常系数地温场方程求解

将空间变量和时间变量进行网格离散化：

$$\begin{cases} x_i = i\Delta x, \ i = 0,\ 1,\ \cdots,\ N_1 \\ z_j = j\Delta z, \ j = 0,\ 1,\ \cdots,\ N_2 \\ t_n = n\Delta t, \ n = 0,\ 1,\ \cdots,\ N_3 \end{cases}$$

其中 $\Delta x = \dfrac{a}{N_1}$，$\Delta y = \dfrac{b}{N_2}$，$\Delta t = \dfrac{t}{N_3}$。二维地温场方程求解的隐式差分结点分布如图 7.12 所示。

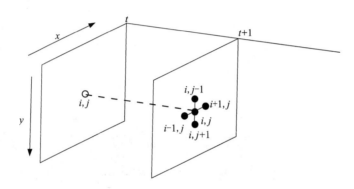

图 7.12　二维地温场方程的隐式差分模板

令

$$T_{i,j}^n = T(x_i,\ y_j,\ t_n),\ i = 0,\ 1,\ \cdots,\ N_1;\ j = 0,\ 1,\ \cdots,\ N_2;\ n = 0,\ 1,\ \cdots,\ N_3$$

则

$$\frac{\partial T(x,\ y,\ t)}{\partial t}\bigg|_{\substack{x=x_i \\ y=y_j \\ t=t_{n+1}}} \approx \frac{T(x_i,\ y_j,\ t_n + \Delta t) - T(x_i,\ y_j,\ t_n)}{\Delta t} = \frac{T_{i,j}^{n+1} - T_{i,j}^n}{\Delta t}$$

$$\frac{\partial^2 T(x,\ y,\ t)}{\partial x^2}\bigg|_{\substack{x=x_i \\ y=y_j \\ t=t_{n+1}}} \approx \frac{T(x_i + \Delta x,\ y_j,\ t_{n+1}) - 2T(x_i,\ y_j,\ t_{n+1}) + T(x_i - \Delta x,\ y_j,\ t_{n+1})}{(\Delta x)^2}$$

$$= \frac{T_{i+1,j}^{n+1} - 2T_{i,j}^{n+1} + T_{i-1,j}^{n+1}}{(\Delta x)^2}$$

$$\frac{\partial^2 T(x,\ y,\ t)}{\partial y^2}\bigg|_{\substack{x=x_i \\ y=y_j \\ t=t_{n+1}}} \approx \frac{T(x_i,\ y_j + \Delta y,\ t_{n+1}) - 2T(x_i,\ y_j,\ t_{n+1}) + T(x_i,\ y_j - \Delta y,\ t_{n+1})}{(\Delta y)^2}$$

$$= \frac{T_{i,j+1}^{n+1} - 2T_{i,j}^{n+1} + T_{i,j-1}^{n+1}}{(\Delta y)^2}$$

于是，二维常系数地温场方程可化为差分方程形式：

$$\rho c_p \frac{T_{i,j}^{n+1} - T_{i,j}^n}{\Delta t} = k\left[\frac{T_{i+1,j}^{n+1} - 2T_{i,j}^{n+1} + T_{i-1,j}^{n+1}}{(\Delta x)^2} + \frac{T_{i,j+1}^{n+1} - 2T_{i,j}^{n+1} + T_{i,j-1}^{n+1}}{(\Delta y)^2}\right] \quad (7.14)$$

整理后，得

$$\rho c_p \frac{T_{i,j}^{n+1}}{\Delta t} - k\left[\frac{T_{i+1,j}^{n+1} - 2T_{i,j}^{n+1} + T_{i-1,j}^{n+1}}{(\Delta x)^2} + \frac{T_{i,j+1}^{n+1} - 2T_{i,j}^{n+1} + T_{i,j-1}^{n+1}}{(\Delta y)^2}\right] = \rho c_p \frac{T_{i,j}^n}{\Delta t} \quad (7.15)$$

根据初始条件和边界条件，再将 T 写成一维数组形式，求解相应的线性方程组，即可求得二维地下介质的温度分布。

下面，我们利用常系数隐式差分格式计算二维均匀模型的地温场。模型的介质密度 $\rho = 3000$ kg/m^3，比热容 $c_p = 1000$ J/(kg·K)，热导率 $k = 3$ W/(m·K)，边界均为第一类边界条件，且边界处的温度为 1000 K，同时初始温度设置如图 7.9 所示。有限差分计算的剖分网格数取为 $N_x = N_y = 50$，网格间距 $\Delta x = \Delta y = 20000$ m，时间间隔 $\Delta t = 5$Ma。

二维常系数隐式差分计算的 Matlab 代码如下：

```
% 二维常系数地温场方程的隐式差分解法
clear all;
% 模型参数设置
xsize = 1000000;
ysize = 1000000;
xnum = 51;
ynum = 51;
dx = xsize/(xnum - 1);
dy = ysize/(ynum - 1);
tnum = 61;
k = 3;
cp = 1000;
rho = 3000;
rhocp = rho * cp;
kappa = k/rhocp;
x = 0:dx:xsize;
y = 0:dy:ysize;
% 时间间隔设置,单位:Ma
dt = 5 * (1e + 6 * 365.25 * 24 * 3600);
% 设置初始温度分布
T_back = 1000;
```

```
    T_wave = 1300;
    T = zeros(ynum,xnum,tnum);
% 初始条件
for i = 1:1:ynum
    for j = 1:1:xnum
        if(y(i) > ysize * 0.3&&y(i) < ysize * 0.7&&x(j) > xsize * 0.3&&x(j) <
xsize * 0.7)
            T(i,j,1) = T_wave;
        else
            T(i,j,1) = T_back;
        end
    end
end
% 隐式差分法计算
for n = 2:tnum
    time = (n - 1) * dt;
    L = sparse(xnum * ynum,xnum * ynum);
    R = zeros(xnum * ynum,1);
    for i = 1:ynum
        for j = 1:xnum
            s = (j - 1) * ynum + i;
            % 边界条件
            if(i == 1||i == ynum||j == 1||j == xnum)
                L(s,s) = 1;
                R(s,1) = T_back;
            else
                L(s,s - ynum) = - kappa/dx^2;
                L(s,s + ynum) = - kappa/dx^2;
                L(s,s - 1) = - kappa/dy^2;
                L(s,s + 1) = - kappa/dy^2;
                L(s,s) = 1/dt + 2 * kappa/dx^2 + 2 * kappa/dy^2;
                R(s,1) = T(i,j,n - 1)/dt;
            end
        end
    end
end
```

```
%  线性方程组求解
TT = L\R;
for i = 1:1:ynum
    for j = 1:1:xnum
        s = (j - 1) * ynum + i;
        T(i,j,n) = TT(s);
    end
end
%  图示隐式解
imagesc(x/1000,y/1000,T(:,:,n));
colorbar;
title(['隐式解: t = ',num2str(time/(1e + 6 * 365.25 * 24 * 3600))],'Ma']);
xlabel('x(km)');
ylabel('y(km)');
drawnow;
pause(0.1);
end
```

利用上述二维常系数隐式差分程序计算并图示 $t = 50\text{Ma}$、100Ma、150Ma、200Ma、250Ma 和 300Ma 时二维均匀模型的地温场分布，如图 7.13 所示。

（2）二维变系数地温场方程求解

对于研究区域的内部节点，在节点(x_i, y_j, t_{n+1})处，采用有限差分近似计算偏导数可得

$$\left[\frac{\partial}{\partial x}\left(k\frac{\partial T}{\partial x}\right)\right]_{i,j,n+1} \approx \frac{1}{\Delta x}\left[\left(k\frac{\partial T}{\partial x}\right)_{i+\frac{1}{2},j,n+1} - \left(k\frac{\partial T}{\partial x}\right)_{i-\frac{1}{2},j,n+1}\right]$$

$$\approx \frac{k_{i,j} + k_{i+1,j}}{2}\frac{T_{i+1,j}^{n+1} - T_{i,j}^{n+1}}{\Delta x^2} - \frac{k_{i,j} + k_{i-1,j}}{2}\frac{T_{i,j}^{n+1} - T_{i-1,j}^{n+1}}{\Delta x^2}$$

和

$$\left[\frac{\partial}{\partial y}\left(k\frac{\partial T}{\partial y}\right)\right]_{i,j,n+1} \approx \frac{1}{\Delta x}\left[\left(k\frac{\partial T}{\partial y}\right)_{i,j+\frac{1}{2},n+1} - \left(k\frac{\partial T}{\partial y}\right)_{i,j-\frac{1}{2},n+1}\right]$$

$$\approx \frac{k_{i,j} + k_{i,j+1}}{2}\frac{T_{i,j+1}^{n+1} - T_{i,j}^{n+1}}{\Delta y^2} - \frac{k_{i,j} + k_{i,j-1}}{2}\frac{T_{i,j}^{n+1} - T_{i,j-1}^{n+1}}{\Delta y^2}$$

以及

$$\left.\frac{\partial T}{\partial t}\right|_{i,j,n+1} \approx \frac{T_{i,j}^{n+1} - T_{i,j}^n}{\Delta t}$$

于是，二维变系数地温场方程可化为差分方程形式：

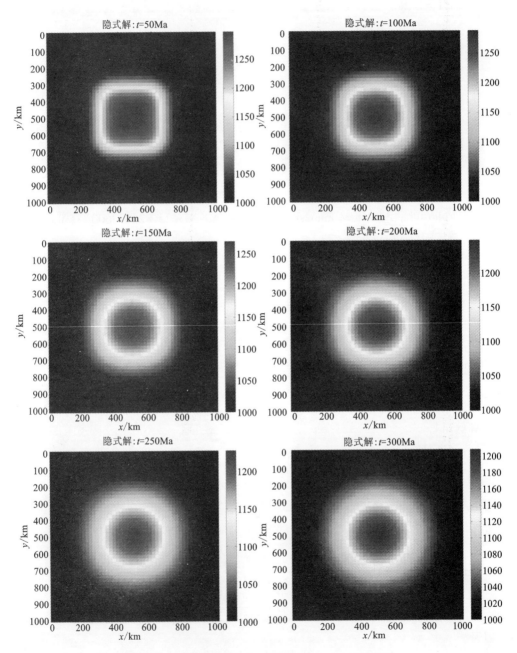

图 7.13 二维常系数地温场模型的隐式差分计算结果

$$\rho c_p \frac{T_{i,j}^{n+1} - T_{i,j}^n}{\Delta t} = \left(\frac{k_{i,j} + k_{i+1,j}}{2} \frac{T_{i+1,j}^{n+1} - T_{i,j}^{n+1}}{\Delta x^2} - \frac{k_{i,j} + k_{i-1,j}}{2} \frac{T_{i,j}^{n+1} - T_{i-1,j}^{n+1}}{\Delta x^2} \right) +$$

$$\left(\frac{k_{i,j} + k_{i,j+1}}{2} \frac{T_{i,j+1}^{n+1} - T_{i,j}^{n+1}}{\Delta y^2} - \frac{k_{i,j} + k_{i,j-1}}{2} \frac{T_{i,j}^{n+1} - T_{i,j-1}^{n+1}}{\Delta y^2} \right)$$

$$(7.16)$$

整理后, 得

$$\rho c_p \frac{T_{i,j}^{n+1}}{\Delta t} - \left(\frac{k_{i,j} + k_{i+1,j}}{2} \frac{T_{i+1,j}^{n+1} - T_{i,j}^{n+1}}{\Delta x^2} - \frac{k_{i,j} + k_{i-1,j}}{2} \frac{T_{i,j}^{n+1} - T_{i-1,j}^{n+1}}{\Delta x^2} \right) -$$

$$\left(\frac{k_{i,j} + k_{i,j+1}}{2} \frac{T_{i,j+1}^{n+1} - T_{i,j}^{n+1}}{\Delta y^2} - \frac{k_{i,j} + k_{i,j-1}}{2} \frac{T_{i,j}^{n+1} - T_{i,j-1}^{n+1}}{\Delta y^2} \right) = \rho c_p \frac{T_{i,j}^n}{\Delta t}$$

$$(7.17)$$

根据初始条件和边界条件, 可得二维地温场隐式差分计算相应的线性方程组。求解该线性方程组, 即可求得二维地下介质的温度分布。

下面, 我们利用变系数隐式差分格式计算二维模型的地温场。模型的介质密度 $\rho = 3000 \text{ kg/m}^3$, 比热容 $c_p = 1000 \text{ J/(kg} \cdot \text{K)}$, 背景热导率 $k = 3 \text{ W/(m} \cdot \text{K)}$, 热源位置的热导率 $k = 10 \text{ W/(m} \cdot \text{K)}$ (x 方向 $300 \sim 700 \text{ km}$, y 方向 $300 \sim 700 \text{ km}$ 处)。边界均取为第一类边界条件, 且边界处的温度为 1000 K, 同时初始温度设置如图 7.9 所示。有限差分计算的剖分网格数取为 $N_x = N_y = 50$, 网格间距 $\Delta x = \Delta y = 20000 \text{ m}$, 时间间隔 $\Delta t = 5 \text{Ma}$。

二维变系数隐式差分计算的 Matlab 代码如下:

```
% 二维变系数地温场方程的隐式差分解法
clear all;
% 模型参数设置
xsize = 1000000;
ysize = 1000000;
xnum = 51;
ynum = 51;
dx = xsize/(xnum − 1);
dy = ysize/(ynum − 1);
x = 0:dx:xsize;
y = 0:dy:ysize;
tnum = 61;
for i = 1:1:ynum
    for j = 1:1:xnum
        k(i,j) = 3;
        if(y(i) > ysize * 0.3&&y(i) < ysize * 0.7&&x(j) > xsize * 0.3&&x(j) <
xsize * 0.7)
```

```
        k(i,j) = 10;
      end
    end
end
cp = 1000;
rho = 3000;
rhocp = rho * cp;
% 时间间隔设置,单位:Ma
dt = 5 * (1e + 6 * 365.25 * 24 * 3600);
% 设置初始温度分布
T_back = 1000;
T_wave = 1300;
T = zeros(ynum,xnum,tnum);
% 初始条件
for i = 1:1:ynum
  for j = 1:1:xnum
    if(y(i) > ysize * 0.3&&y(i) < ysize * 0.7&&x(j) > xsize * ...
      0.3&&x(j) < xsize * 0.7)
      T(i,j,1) = T_wave;
    else
      T(i,j,1) = T_back;
    end
  end
end
% 隐式差分法计算
for n = 2:tnum
  time = (n - 1) * dt;
  L = sparse(xnum * ynum,xnum * ynum);
  R = zeros(xnum * ynum,1);
  for i = 1:ynum
    for j = 1:xnum
      s = (j - 1) * ynum + i;
      % 边界条件
      if(i == 1||i == ynum||j == 1||j == xnum)
        L(s,s) = 1;
```

```
                R(s,1) = T_back;
            else
                L(s,s - ynum) = -0.5 * (k(i,j) + k(i,j - 1))/dx^2;
                L(s,s + ynum) = -0.5 * (k(i,j) + k(i,j + 1))/dx^2;
                L(s,s - 1) = -0.5 * (k(i,j) + k(i - 1,j))/dy^2;
                L(s,s + 1) = -0.5 * (k(i,j) + k(i + 1,j))/dy^2;
                L(s,s) = rhocp/dt + 0.5 * (k(i,j) + k(i,j - 1))/dx^2 + ...
                    0.5 * (k(i,j) + k(i,j + 1))/dx^2 + ...
                    0.5 * (k(i,j) + k(i - 1,j))/dy^2 + ...
                    0.5 * (k(i,j) + k(i + 1,j))/dy^2;
                R(s,1) = T(i,j,n - 1) * rhocp/dt;
            end
        end
    end
    % 线性方程组求解
    TT = L\R;
    for i = 1:1:ynum
        for j = 1:1:xnum
            s = (j - 1) * ynum + i;
            T(i,j,n) = TT(s);
        end
    end
    % 图示隐式解
    imagesc(x/1000,y/1000,T(:,:,n));
    colorbar;
    title(['隐式解: t = ',num2str(time/(1e + 6 * 365.25 * 24 * 3600)),'Ma']);
    xlabel('x(km)');
    ylabel('y(km)');
    drawnow;
    pause(0.1);
end
```

利用上述二维变系数隐式差分程序计算并图示 $t = 50\,\text{Ma}$、$100\,\text{Ma}$、$150\,\text{Ma}$、$200\,\text{Ma}$、$250\,\text{Ma}$ 和 $300\,\text{Ma}$ 时二维模型的地温场分布，如图 7.14 所示。

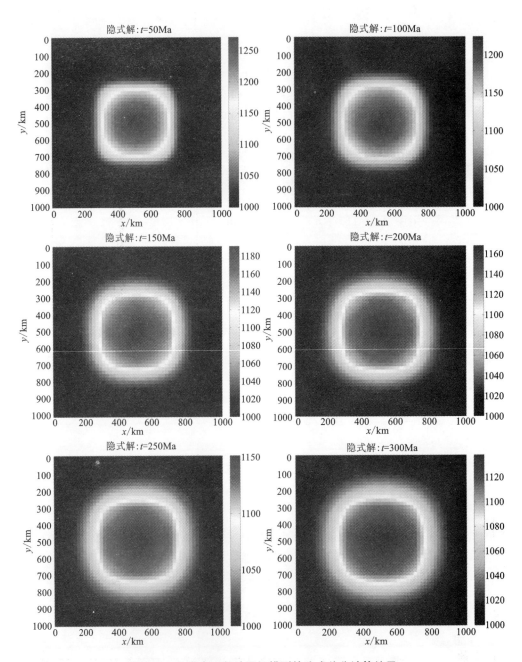

图 7.14 二维变系数地温场模型的隐式差分计算结果

第 8 章 地震波场的有限差分法正演计算

地震波场数值模拟简单说来，就是已知地下介质构造及其参数，再利用理论计算方法来研究地震波在地下介质的传播规律，合成地震记录的一种技术方法。随着地震勘探技术的发展，数值模拟方法已经贯穿于地震数据的采集、处理和解释的全过程，而且在确定观测的合理性、检验处理和解释的正确性等方面都有了广泛的应用。

地震波场模拟的数值方法主要有伪谱法、有限差分法和有限单元法。本章利用有限差分法计算地震波场响应，详细推导有限差分正演算法，并编写 Matlab 计算程序。

8.1 地震波场正演基本理论

8.1.1 声波方程的建立

为了研究地震波形成的物理机制和传播规律，必须建立波的运动方程(波动方程)。为了使问题简化，首先讨论一维弹性杆体积元受单向正应力所产生的波动方程。

考虑均匀细长杆介质中的一个小体积元，受力后沿 x 方向作小振动。令 $\sigma_{xx}(x, t)$ 为 t 时刻在 A 点沿 x 方向的应力，$u(x, t)$ 为该时刻沿同一方向的位移，A、B 两质点离原点的距离分别为 x 和 $x + \Delta x$，如图 8.1 所示。

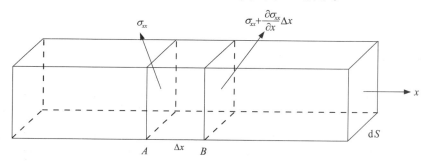

图 8.1 纵向应力引起细杆元的形变

由于应力在 x 方向的分布是变化的, 在 A、B 两点所受的应力分别为 σ_{xx} 和 $\sigma_{xx} + \dfrac{\partial \sigma_{xx}}{\partial x}\Delta x$, 则应力差引起体积元内部质点发生相对位移。设体积元质心的位移为 $u(x,t)$, 并认为作用在面元 $\mathrm{d}S$ 上的力等于该面元中心的应力乘以它的面积。根据牛顿第二定律, 当外力(体力)作用已结束时, 由应力的变化产生的波动方程为

$$\left(\sigma_{xx} + \frac{\partial \sigma_{xx}}{\partial x}\Delta x\right)\mathrm{d}S = \rho \mathrm{d}S\Delta x \cdot \frac{\partial^2 u}{\partial t^2} \tag{8.1}$$

式中: ρ 是体积元的密度; $\mathrm{d}S$ 为截面积。

将式(8.1)化简可得,

$$\frac{\partial \sigma_{xx}}{\partial x} = \rho \frac{\partial^2 u}{\partial t^2} \tag{8.2}$$

根据杨氏模量公式有

$$\sigma_{xx} = E e_{xx} = E \frac{\partial u}{\partial t} \tag{8.3}$$

将式(8.3)代入式(8.2)得

$$\frac{\partial^2 u}{\partial t^2} = \frac{E}{\rho} \cdot \frac{\partial^2 u}{\partial x^2} = v^2 \frac{\partial^2 u}{\partial x^2} \tag{8.4}$$

上式即为一维弹性杆正应力产生的纵波波动方程或声波波动方程, $v = \sqrt{E/\rho}$ 为地震波在介质中的传播速度。

若考虑震源函数 $S(x,t)$ 的作用, 我们可得一维声波波动方程为(Heiner, 2016):

$$\frac{\partial^2 u}{\partial t^2} = v^2 \frac{\partial^2 u}{\partial x^2} + S(x,t) \tag{8.5}$$

一般地, 二维均匀介质的声波波动方程可表示为:

$$\frac{\partial^2 u}{\partial t^2} = v^2 \left(\frac{\partial^2 u}{\partial x^2} + \frac{\partial^2 u}{\partial z^2}\right) + S(x,z,t) \tag{8.6}$$

式中: $S(x,z,t)$ 为震源函数。

8.1.2 震源函数

在地震波场数值模拟计算过程中, 震源函数的选择对最终的模拟结果有着重要影响。震源函数的计算方法通常有两种: 一种是先将 δ 函数(狄拉克函数)加入差分方程中, 再与子波函数做褶积。

δ 函数是为了表示集中在一点起作用的物理量的分布密度而由物理学家 Dirac 在研究量子力学时首先引入的, δ 函数的表达式为:

$$\delta(x) = \begin{cases} 0, & x \neq 0 \\ \infty, & x = 0 \end{cases} \tag{8.7}$$

且

$$\int_{-\infty}^{+\infty} \delta(x - x_0)\, \mathrm{d}x = 1 \tag{8.8}$$

$$\int_{-\infty}^{+\infty} \delta(x - x_0) f(x)\, \mathrm{d}x = f(x_0) \tag{8.9}$$

这种方法的震源除了自由表面或内界面附近,可以在模型的其他任意处进行定义,能够准确地反映任一时刻震源项对波场值的影响,但同时这种方法增加了褶积的计算量,降低了计算速度和效率。

另一种方法是先将子波函数 $f(t)$ 进行离散,计算出各个时间间隔 Δt 的子波函数值,然后再直接在 Δt 时刻将 $f(\Delta t)$ 的值加到初始时刻的波场值上。这种方法可以将震源定义在自由表面附近,但震源的位置必须在网格点上。实际中的地震子波是一个很复杂的问题,因为地震子波与地层岩石性质有关,地层岩石性质本身就是一个复杂体。为了研究方便,仍需要对地震子波进行模拟,目前普遍认为雷克提出的地震子波数学模型具有广泛的代表性,即称雷克子波(Ricker Wavelet)。雷克子波的表达式为:

$$f(t) = [1 - 2\pi^2 f_0^2 \,(t - t_0)^2]\, \mathrm{e}^{-\pi^2 f_0^2 (t - t_0)^2} \tag{8.10}$$

式中: $f(t)$ 为雷克子波; t_0 为延迟时间; f_0 为主频率。下面我们给出雷克子波的 Matlab 函数代码:

```
function f = ricker(f0, t, t0)
% f0: 主频率
% t: 采样时间
% t0: 延迟时间
f = (1 - (2 * ((pi)^2) * (f0^2) * (t - t0)^2)) * (exp( - ((pi)^2) * (f0^2)
* (t - t0)^2));
```

由于有限差分法计算地震波场过程中会出现数值频散,尤其当空间采样不足时,子波的高频成分频散就会更严重,因此要根据模型的速度及网格间距合理选择子波主频。

8.1.3　吸收边界条件

利用计算机进行地震波场数值模拟时,由于计算模型是大小有限的区域,因此存在人工边界。这些人工边界是很好的反射面,当地震波传播到人工边界时,就会有波反射回来,这些反射波会干扰真实波场,造成假象。为了消除或减弱这些人为干扰,有一种想法是把模型设置得足够大,当人工反射波已经不能干扰到需要研究的区域时,得到的就是研究区域的真实波场信息,但这样会消耗大量存储空间和计算时间,所以这种思路不可取。这里,我们介绍 Clayton – Enquist 吸收边界处理方法(Clayton 和 Engquist,1977; Gao 等,2017)。

Clayton 和 Engquist 利用波动方程旁轴近似理论，提出了关于地震波动方程的三种吸收边界条件：

$$A1 : \frac{\partial u}{\partial x} + \frac{1}{v} \frac{\partial u}{\partial t} = 0 \tag{8.11}$$

$$A2 : \frac{\partial^2 u}{\partial x \partial t} + \frac{1}{v} \frac{\partial^2 u}{\partial t^2} - \frac{v}{2} \frac{\partial^2 u}{\partial z^2} = 0 \tag{8.12}$$

$$A3 : \frac{\partial^3 u}{\partial x \partial t^2} - \frac{v^2}{4} \frac{\partial^3 u}{\partial x \partial z^2} + \frac{1}{v} \frac{\partial^3 u}{\partial t^3} - \frac{3v}{4} \frac{\partial^3 u}{\partial t \partial z^2} = 0 \tag{8.13}$$

式中：A1、A2 和 A3 分别为 1 阶、2 阶与 3 阶旁轴近似的右端吸收边界条件。

8.2　一维声波方程的差分解法

8.2.1　一维显式差分解法

将空间变量和时间变量进行网格离散化：

$$\begin{cases} x_i = i\Delta x, \ i = 0, 1, \cdots, N \\ t_k = k\Delta t, \ k = 0, 1, \cdots, M \end{cases}$$

式中：$\Delta x = \dfrac{L}{N}$，$\Delta t = \dfrac{T}{M}$。一维声波波动方程求解的显式差分结点分布如图 8.2 所示。

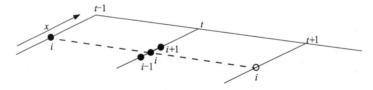

图 8.2　一维声波波动方程的显式差分模板

令

$$u_{i,k} = u(x_i, t_k), \ i = 0, 1, \cdots, N; \ k = 0, 1, \cdots, M$$

则

$$\frac{\partial^2 u(x, t)}{\partial t^2} \bigg|_{\substack{x=x_i \\ t=t_k}} \approx \frac{u(x_i, t_k + \Delta t) - 2u(x_i, t_k) + u(x_i, t_k - \Delta t)}{(\Delta t)^2}$$

$$= \frac{u_{i,k+1} - 2u_{i,k} + u_{i,k-1}}{(\Delta t)^2} \quad (\text{二阶中心差商})$$

$$\frac{\partial^2 u(x, t)}{\partial x^2} \bigg|_{\substack{x=x_i \\ t=t_k}} \approx \frac{u(x_i + \Delta x, t_k) - 2u(x_i, t_k) + u(x_i - \Delta x, t_k)}{(\Delta x)^2}$$

$$= \frac{u_{i+1,k} - 2u_{i,k} + u_{i-1,k}}{(\Delta x)^2} \quad (\text{二阶中心差商})$$

于是，一维声波方程可化为差分方程形式

$$\frac{u_{i,\,k+1}-2u_{i,\,k}+u_{i,\,k-1}}{(\Delta t)^2}=v_i^2\,\frac{u_{i+1,\,k}-2u_{i,\,k}+u_{i-1,\,k}}{(\Delta x)^2}$$

记 $\lambda_i=\dfrac{v_i^2\,(\Delta t)^2}{(\Delta x)^2}$，整理上式可得

$$u_{i,\,k+1}=\lambda_i u_{i-1,\,k}+2(1-\lambda_i)u_{i,\,k}+\lambda_i u_{i+1,\,k}-u_{i,\,k-1} \tag{8.14}$$

下面，我们利用显式差分格式计算一维均匀模型的地震波场。模型的速度为 2500 m∕s，密度为常数，网格剖分数为 $N=200$，网格间距 $\Delta x=10$ m，采样时间间隔 $\Delta t=1$ ms。同时，震源坐标设置在 $x=1000$ m 处，子波频率为 10 Hz。

一维显式差分计算的 Matlab 代码如下：

```
% 一维声波方程的显式差分解法
clear all;
% 网格剖分信息
Nx = 201;
dx = 10;
x = 0 : dx :( Nx - 1) * dx;
% 震源信息
T = 1;
dt = 0.001;
N = T/dt + 1;
f = 10;
t0 = 0.1;
srcx = round( Nx/2);
% 介质信息
v = zeros( Nx,1) + 2500;
cfl = max( v) * dt/dx;
if( cfl > = 1);
    disp('不满足稳定性条件');
end
u = zeros( Nx,N + 2);
const = ( v.^2) * ( dt^2/dx^2);
for k = 2 : N + 1
    disp( sprintf(' Time step : % i',k - 1));
    t = ( k - 2) * dt;
    u( srcx,k) = ricker( f,t,t0);
    for i = 2 : Nx - 1
        u( i,k + 1) = (2 * u( i,k) - u( i,k - 1)) + const( i,1) * ( u( i + 1,k) - ...
```

```
            2 * u(i,k) + u(i - 1,k));
    end
    plot(x,u(:,k + 1));
    xlabel('Distance(m)');
    ylabel('Displacement(m)');
    title(['t = ',num2str(1000 * t),'ms']);
    set(gca,'YLim',[ - 1 1]);
    pause(0.01);
end
```

利用上述一维显式差分程序计算并图示 $t = 100$ ms、200 ms、300 ms、400 ms、500 ms、600 ms、700 ms 和 800 ms 时的一维波场响应,如图 8.3 所示。从图上可以看出,当波传播至边界时,在边界处产生了很强的反射,这是我们在进行数值模拟计算时所不期望出现的。

为了消除或减弱这种边界反射效应,我们选用 Clayton - Enquist 吸收边界,其计算表达式为

$$\frac{\partial u}{\partial t} - v\,\frac{\partial u}{\partial x} = 0 \quad (左边界) \tag{8.15}$$

$$\frac{\partial u}{\partial t} + v\,\frac{\partial u}{\partial x} = 0 \quad (右边界) \tag{8.16}$$

由于吸收边界条件包含了导数,我们可以采用差分法近似处理。在点 (x_0, t_{k+1}) 处利用向前差商逼近 $\frac{\partial u}{\partial x}$、向后差商逼近 $\frac{\partial u}{\partial t}$,而在点 (x_{N+1}, t_{k+1}) 处利用向前差商来逼近 $\frac{\partial u}{\partial x}$、向后差商逼近 $\frac{\partial u}{\partial t}$,这样我们得出式(8.15)和式(8.16)的边界条件处理表达式:

$$\begin{cases} \dfrac{u_0^{k+1} - u_0^k}{\Delta t} - v_1\,\dfrac{u_1^{k+1} - u_0^{k+1}}{\Delta x} = 0 \\[2mm] \dfrac{u_{N+1}^{k+1} - u_{N+1}^k}{\Delta t} + v_{N+1}\,\dfrac{u_{N+1}^{k+1} - u_N^{k+1}}{\Delta x} = 0 \end{cases} \tag{8.17}$$

容易看出,这样的边界条件处理具有一阶精度。

对于上述一维均匀模型,加入 Clayton - Enquist 吸收边界条件的显式差分代码如下:

```
% 一维声波方程的显式差分解法(Clayton - Enquist 吸收边界处理)
clear all;
% 网格剖分信息
Nx = 201;
dx = 10;
```

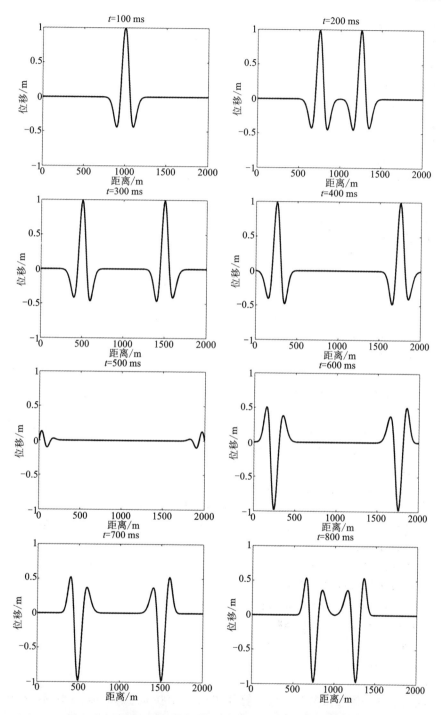

图 8.3　一维声波方程显式差分计算结果 (无吸收边界处理)

```
x = 0 : dx : ( Nx - 1 ) * dx;
% 震源信息
T = 1;
dt = 0.001;
N = T/dt + 1;
f = 10;
t0 = 0.1;
srcx = round( Nx/2 );
% 介质信息
v = zeros( Nx,1 ) + 2500;
cfl = max( v ) * dt/dx;
if( cfl > = 1 );
    disp('不满足稳定性条件');
end
u = zeros( Nx,N + 2 );
const = ( v. ^2 ) * ( dt^2/dx^2 );
for k = 2 : N + 1
    disp( sprintf(' Time step : % i',k - 1 ) );
    t = ( k - 2 ) * dt;
    u( srcx,k ) = ricker(f,t,t0);
    for i = 2 : Nx - 1
        u( i,k + 1 ) = ( 2 * u( i,k ) - u( i,k - 1 ) ) + const( i,1 ) * ( u( i + 1,k ) - ...
            2 * u( i,k ) + u( i - 1,k ) );
    end
    % Clayton - Enquist 吸收边界
    u( 1,k + 1 ) = ( 1/( 1/dt + v( 1 )/dx ) ) * ( u( 1,k )/dt + ( v( 1 )/dx ) * u( 2,k + 1 ) );
    ü( Nx,k + 1 ) = ( 1/( 1/dt + v( Nx )/dx ) ) * ( u( Nx,k )/dt + ( v( Nx )/dx ) * ...
        u( Nx - 1,k + 1 ) );
    plot( x,u( :,k + 1 ) );
    xlabel( 'Distance( m )' );
    ylabel( 'Displacement( m )' );
    title( [ 't = ',num2str( 1000 * t ),'ms' ] );
    set( gca,'YLim',[ -1 1 ] );
    pause( 0.01 );
end
```

利用上述一维显式差分程序计算并图示 $t = 100$ ms、200 ms、300 ms、400 ms、500 ms、600 ms、700 ms 和 800 ms 时的一维波场响应，如图 8.4 所示。当波传播至左右边界时，反射已经减弱，说明吸收边界很好地吸收了边界处的反射。

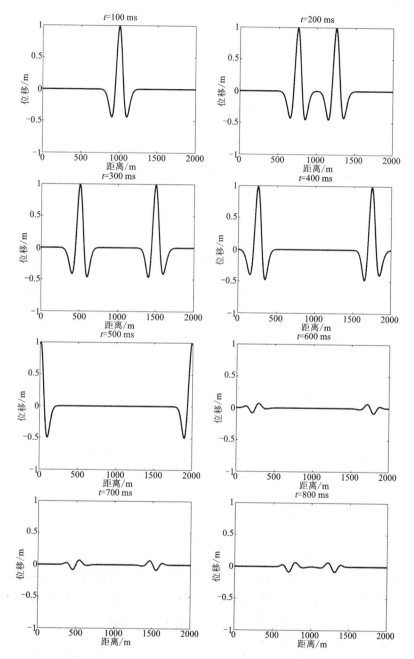

图 8.4　一维声波方程显式差分计算结果(Clayton – Enquist 吸收边界处理)

8.2.1　一维隐式差分解法

将求解区域进行网格离散化,隐式差分结点如图 8.5 所示,则有:

$$\frac{\partial^2 u(x, t)}{\partial t^2}\bigg|_{\substack{x=x_i \\ t=t_k}} \approx \frac{u_{i, k+1} - 2u_{i, k} + u_{i, k-1}}{(\Delta t)^2}$$

$$\frac{\partial^2 u(x, t)}{\partial x^2}\bigg|_{\substack{x=x_i \\ t=t_k}} \approx \frac{1}{2}\left[\frac{\partial^2 u(x, t)}{\partial x^2}\bigg|_{\substack{x=x_i \\ t=t_{k-1}}} + \frac{\partial^2 u(x, t)}{\partial x^2}\bigg|_{\substack{x=x_i \\ t=t_{k+1}}}\right]$$

$$= \frac{1}{2}\frac{u_{i+1, k-1} - 2u_{i, k-1} + u_{i-1, k-1}}{(\Delta x)^2} + \frac{1}{2}\frac{u_{i+1, k+1} - 2u_{i, k+1} + u_{i-1, k+1}}{(\Delta x)^2}$$

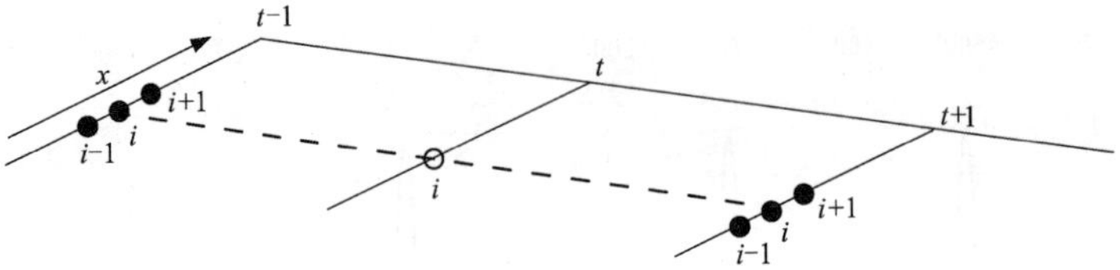

图 8.5　一维声波波动方程的隐式差分模板

于是，一维声波波动方程可化为差分方程形式

$$\frac{u_{i, k+1} - 2u_{i, k} + u_{i, k-1}}{(\Delta t)^2} = \frac{v_i^2}{2}\left[\frac{u_{i+1, k-1} - 2u_{i, k-1} + u_{i-1, k-1}}{(\Delta x)^2} + \frac{u_{i+1, k+1} - 2u_{i, k+1} + u_{i-1, k+1}}{(\Delta x)^2}\right]$$

记 $\lambda_i = \dfrac{v_i^2 (\Delta t)^2}{(\Delta x)^2}$，整理差分方程可得

$$-\frac{\lambda_i}{2}u_{i-1, k+1} + (1 + \lambda_i)u_{i, k+1} - \frac{\lambda_i}{2}u_{i+1, k+1}$$

$$= 2u_{i, k} + \left[\frac{\lambda_i}{2}u_{i-1, k-1} - (1 + \lambda_i)u_{i-1, k-1} + \frac{\lambda_i}{2}u_{i+1, k-1}\right] \tag{8.18}$$

这种差分格式的解是稳定的，它是一个 3 层 7 点的隐式差分格式。

Clayton – Enquist 吸收边界可以写成如下形式：

$$\begin{cases} \left(\dfrac{1}{\Delta t} + \dfrac{v_1}{\Delta x}\right)u_0^{k+1} - \dfrac{v_1}{\Delta x}u_1^{k+1} = \dfrac{1}{\Delta t}u_0^k \\ \left(\dfrac{1}{\Delta t} + \dfrac{v_{N+1}}{\Delta x}\right)u_{N+1}^{k+1} - \dfrac{v_{N+1}}{\Delta x}u_N^{k+1} = \dfrac{1}{\Delta t}u_{N+1}^k \end{cases} \tag{8.19}$$

下面，我们利用隐式差分格式计算一维均匀模型的地震波场。模型的速度为 2500 m/s，密度为常数，网格剖分数为 $N = 200$，网格间距 $\Delta x = 10$ m，采样时间间隔 $\Delta t = 1$ ms。同时，震源坐标设置在 $x = 1000$ m 处，子波频率为 10Hz。

一维隐式差分计算的 Matlab 代码如下：

```
% 一维声波方程的隐式差分解法(Clayton – Enquist 吸收边界处理)
clear all;
% 网格剖分信息
Nx = 201;
dx = 10;
```

```
x = 0 : dx :( Nx - 1 ) * dx ;
% 震源信息
T = 0.5 ;
dt = 0.001 ;
N = round( T/dt + 1 ) ;
f = 10 ;
t0 = 0.1 ;
srcx = round( Nx/2 ) ;
% 介质信息
v = zeros( Nx,1 ) + 2500 ;
u = zeros( Nx,N + 2 ) ;
const = ( v. ^2 ) * ( dt^2/dx^2 ) ;
for k = 2 : N + 1
    disp( sprintf( ' Time step : % i',k - 1 ) ) ;
    t = ( k - 2 ) * dt ;
    u( srcx,k ) = ricker( f,t,t0 ) ;
    for i = 1 : Nx
        if( i == 1 )
            L( i,i ) = 1/dt + v( i )/dx ;L( i,i + 1 ) = - ( v( i )/dx ) ;
        elseif( i == Nx )
            L( i,i ) = 1/dt + v( i )/dx ;L( i,i - 1 ) = - ( v( i )/dx ) ;
        else
            L( i,i - 1 ) = - const( i )/2 ;
            L( i,i ) = 1 + const( i ) ;
            L( i,i + 1 ) = - const( i )/2 ;
        end
    end
    R = 2 * u( :,k ) - L * u( :,k - 1 ) ;
    R( 1,1 ) = ( u( 1,k ) )/dt ;
    R( Nx,1 ) = ( u( Nx,k ) )/dt ;
    u( :,k + 1 ) = L\R ;
    plot( x,u( :,k ) ) ;
    xlabel( 'Distance( m )' ) ;
    ylabel( 'Displacement( m )' ) ;
    title( [ 't = ',num2str( 1000 * t ) ,'ms'] ) ;
    set( gca,'YLim',[ - 1 1 ] ) ;
    pause( 0.01 ) ;
```

end

利用上述一维隐式差分程序计算并图示 $t = 100$ ms、200 ms、300 ms、400 ms、500 ms、600 ms、700 ms 和 800 ms 时的一维波场响应，如图 8.6 所示。

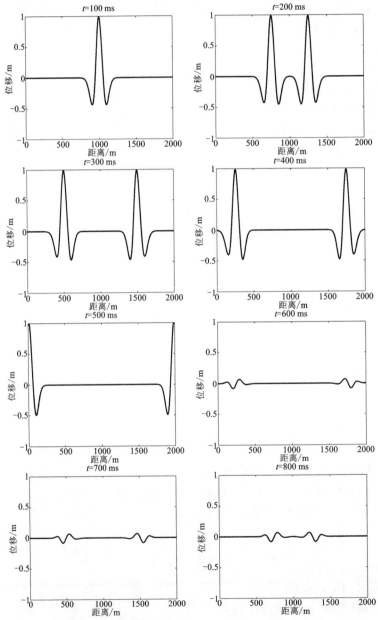

图 8.6 一维声波方程隐式差分计算结果（Clayton – Enquist 吸收边界处理）

8.3 二维声波方程的差分解法

8.3.1 二维显式差分解法

将空间变量和时间变量进行网格离散化处理：

$$\begin{cases} x_i = i\Delta x, \ i = 0, \ 1, \ \cdots, \ N_1 \\ z_j = j\Delta z, \ j = 0, \ 1, \ \cdots, \ N_2 \\ t_k = k\Delta t, \ k = 0, \ 1, \ \cdots, \ N_3 \end{cases}$$

式中：$\Delta x = \dfrac{a}{N_1}$，$\Delta y = \dfrac{b}{N_2}$，$\Delta t = \dfrac{T}{N_3}$。二维声波波动方程求解的显式差分结点分布如图 8.7 所示。

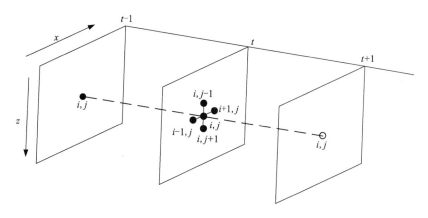

图 8.7 二维声波波动方程的显式差分模板

令

$u_{i,j}^k = u(x_i, \ z_j, \ t_k)$，$i = 0, \ 1, \ \cdots, \ N_1$；$j = 0, \ 1, \ \cdots, \ N_2$；$k = 0, \ 1, \ \cdots, \ N_3$

则有

$$\left. \frac{\partial^2 u(x, z, t)}{\partial t^2} \right|_{\substack{x=x_i \\ z=z_j \\ t=t_k}} \approx \frac{u(x_i, z_j, t_k + \Delta t) - 2u(x_i, z_j, t_k) + u(x_i, z_j, t_k - \Delta t)}{(\Delta t)^2}$$

$$= \frac{u_{i,j}^{k+1} - 2u_{i,j}^k + u_{i,j}^{k-1}}{(\Delta t)^2}$$

$$\left. \frac{\partial^2 u(x, z, t)}{\partial x^2} \right|_{\substack{x=x_i \\ z=z_j \\ t=t_k}} \approx \frac{u(x_i + \Delta x, z_j, t_k) - 2u(x_i, z_j, t_k) + u(x_i - \Delta x, z_j, t_k)}{(\Delta x)^2}$$

$$= \frac{u_{i+1,j}^k - 2u_{i,j}^k + u_{i-1,j}^k}{(\Delta x)^2}$$

$$\frac{\partial^2 u(x,y,t)}{\partial z^2}\bigg|_{\substack{x=x_i \\ z=z_j \\ t=t_k}} \approx \frac{u(x_i, z_j+\Delta z, t_k) - 2u(x_i, z_j, t_k) + u(x_i, z_j-\Delta z, t_k)}{(\Delta z)^2}$$

$$= \frac{u_{i,j+1}^k - 2u_{i,j}^k + u_{i,j-1}^k}{(\Delta z)^2}$$

于是，二维声波波动方程可化为差分方程形式

$$\frac{u_{i,j}^{k+1} - 2u_{i,j}^k + u_{i,j}^{k-1}}{(\Delta t)^2} = v_{i,j}^2 \left[\frac{u_{i+1,j}^k - 2u_{i,j}^k + u_{i-1,j}^k}{(\Delta x)^2} + \frac{u_{i,j+1}^k - 2u_{i,j}^k + u_{i,j-1}^k}{(\Delta z)^2} \right] + S(xs, zs, t_k)$$

$$(8.20)$$

下面，我们利用显式差分格式计算二维均匀模型的地震波场。模型的速度为 2500 m/s，密度为常数，网格剖分数为 200×200，网格间距 $\Delta x = \Delta y = 10$ m，采样时间间隔 $\Delta t = 1$ ms。同时，震源坐标设置为（1000 m，1000 m），子波频率为 10 Hz。

二维显式差分计算的 Matlab 代码如下：

```
% 二维声波方程的显式差分解法
clear all;
% 网格剖分信息
Nx = 201;
dx = 10;
x = 0:dx:(Nx - 1) * dx;
Ny = 201;
dy = 10;
y = 0:dy:(Ny - 1) * dy;
% 震源信息
T = 1;
dt = 0.001;
N = round(T/dt);
f = 10;
t0 = 0.1;
xs = round(Nx/2);
ys = round(Ny/2);
% 介质信息
v = zeros(Ny,Nx) + 2500;
const1 = (v.^2) * (dt^2)/(dx^2);
const2 = (v.^2) * (dt^2)/(dy^2);
% 显式差分更新
p2 = zeros(Ny,Nx);
```

```
p1 = zeros(Ny,Nx);
p0 = zeros(Ny,Nx);
for k = 1:N
    disp(sprintf('Time step : %i',k));
    t = k * dt;
    p1(ys,xs) = ricker(f,t,t0);
    for i = 2:Ny - 1
        for j = 2:Nx - 1
            p2(i,j) = 2 * p1(i,j) - p0(i,j) +...
            const2(i,j) * (p1(i+1,j) - 2 * p1(i,j) + p1(i-1,j)) +...
            const1(i,j) * (p1(i,j+1) - 2 * p1(i,j) + p1(i,j-1));
        end
    end
    p0 = p1;
    p1 = p2;
    u(:,:,k) = p2;
    if rem(k,10) == 0
        imagesc(x,y,p1);
        caxis([-0.07 0.07])
        colorbar;
        xlabel('Distance(m)');
        ylabel('Depth(m)');
        title(['t = ',num2str(1000 * k * dt),'ms']);
        drawnow;
        pause(0.01);
    end
end
```

利用上述二维显式差分程序计算并图示 $t = 100$ ms、200 ms、300 ms、400 ms、500 ms、600 ms、700 ms 和 800 ms 时的二维波场响应，如图 8.8 所示。从波场快照图可以看出，当波传播至边界时，在边界处产生了很强的反射，这是我们在进行数值模拟计算时所不期望出现的。

为了消除或减弱这种边界反射效应，得到地质地层真实的反射信息，就需要对人工边界进行处理，从而得到更接近于实际空间中波的传播规律。这里，我们选用一阶 Clayton - Enquist 吸收边界，其计算表达式为

$$\frac{\partial u}{\partial t} - v \frac{\partial u}{\partial x} = 0 \quad （左边界） \tag{8.21}$$

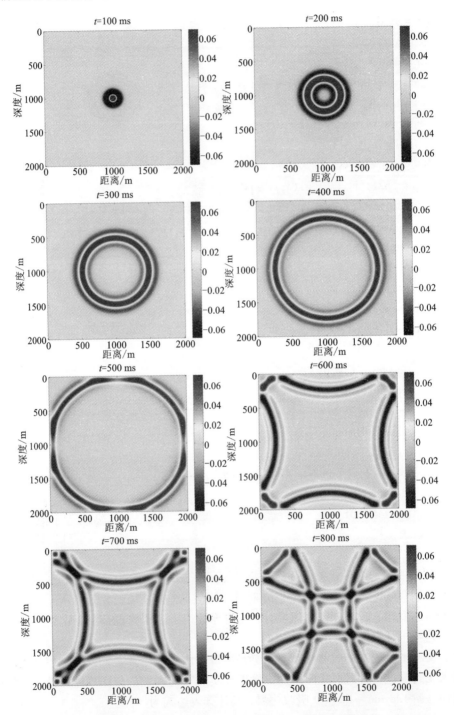

图8.8 二维声波方程显式差分计算结果(无吸收边界处理)

$$\frac{\partial u}{\partial t} + v \frac{\partial u}{\partial x} = 0 \quad （右边界）\tag{8.22}$$

$$\frac{\partial u}{\partial t} - v \frac{\partial u}{\partial z} = 0 \quad （上边界）\tag{8.23}$$

$$\frac{\partial u}{\partial t} + v \frac{\partial u}{\partial z} = 0 \quad （下边界）\tag{8.24}$$

对于上述二维均匀模型，加入 Clayton – Enquist 吸收边界条件的显式差分代码如下：

```
% 二维声波方程的显式差分解法(Clayton – Enquist 吸收边界处理)
clear all;
% 网格剖分信息
Nx = 201;
dx = 10;
x = 0: dx :(Nx - 1) * dx;
Ny = 201;
dy = 10;
y = 0: dy :(Ny - 1) * dy;
% 震源信息
T = 1;
dt = 0.001;
N = round(T/dt);
f = 10;
t0 = 0.1;
xs = round(Nx/2);
ys = round(Ny/2);
% 介质信息
v = zeros(Ny, Nx) + 2500;
const1 = (v.^2) * (dt^2)/(dx^2);
const2 = (v.^2) * (dt^2)/(dy^2);
% 显式差分更新
p2 = zeros(Ny, Nx);
p1 = zeros(Ny, Nx);
p0 = zeros(Ny, Nx);
for k = 1:N
  disp(sprintf(' Time step : % i',k));
  t = k * dt;
  p1(ys, xs) = ricker(f, t, t0);
  for i = 2:Ny - 1
```

```
    for j = 2 : Nx − 1
        p2(i,j) = 2 * p1(i,j) − p0(i,j) + ...
        const2(i,j) * (p1(i+1,j) − 2 * p1(i,j) + p1(i−1,j)) + ...
        const1(i,j) * (p1(i,j+1) − 2 * p1(i,j) + p1(i,j−1));
    end
end
%  吸收边界
for i = 1 : Ny
    p2(i,1) = (1/(1/dt + v(i,1)/dx)) * ((1/dt) * p1(i,1) + ...
    (v(i,1)/dx) * p2(i,2));
    p2(i,Nx) = (1/(1/dt + v(i,Nx)/dx)) * ((1/dt) * p1(i,Nx) + ...
    (v(i,Nx)/dx) * p2(i,Nx−1));
end
for j = 1 : Nx
    p2(1,j) = (1/(1/dt + v(1,j)/dy)) * ((1/dt) * p1(1,j) + ...
    (v(1,j)/dy) * p2(2,j));
    p2(Nx,j) = (1/(1/dt + v(Nx,j)/dy)) * ((1/dt) * p1(Nx,j) + ...
    (v(Nx,j)/dy) * p2(Nx−1,j));
end
p0 = p1;
p1 = p2;
u(:,:,k) = p2;
if rem(k,10) == 0
    imagesc(x,y,p1);
    caxis([−0.07 0.07])
    colorbar;
    xlabel('Distance(m)');
    ylabel('Depth(m)');
    title(['t = ',num2str(1000 * k * dt),'ms']);
    drawnow;
    pause(0.01);
end
end
```

利用上述二维显式差分程序计算并图示 $t = 100$ ms、200 ms、300 ms、400 ms、500 ms、600 ms、700 ms 和 800 ms 时的二维波场响应，如图 8.9 所示。从波场快照图可以看出，当波传播至边界处时，反射已经减弱，说明吸收边界很好地吸收了边界处的反射。

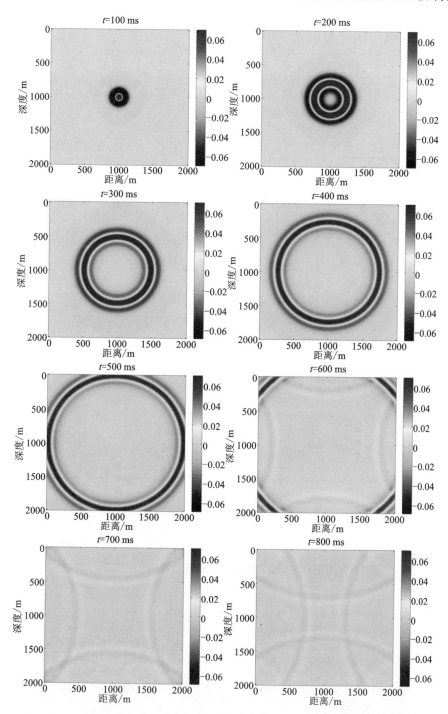

图 8.9　二维声波方程显式差分计算结果（Clayton – Enquist 吸收边界处理）

8.3.2　二维隐式差分解法

将求解区域进行网格离散化，隐式差分结点如图 8.10 所示，则有：

$$\frac{\partial u(x,\,z,\,t)}{\partial t}\bigg|_{\substack{x=x_i\\z=z_j\\t=t_k}}\approx\frac{u(x_i,\,z_j,\,t_k+\Delta t)-2u(x_i,\,z_j,\,t_k)+u(x_i,\,z_j,\,t_k-\Delta t)}{(\Delta t)^2}$$

$$=\frac{u_{i,j}^{k+1}-2u_{i,j}^k+u_{i,j}^{k-1}}{(\Delta t)^2}$$

$$\frac{\partial^2 u(x,\,z,\,t)}{\partial x^2}\bigg|_{\substack{x=x_i\\z=z_j\\t=t_k}}\approx\frac{1}{2}\bigg[\frac{\partial^2 u(x,\,z,\,t)}{\partial x^2}\bigg|_{\substack{x=x_i\\z=z_j\\t=t_{k-1}}}+\frac{\partial^2 u(x,\,z,\,t)}{\partial x^2}\bigg|_{\substack{x=x_i\\z=z_j\\t=t_{k+1}}}\bigg]$$

$$=\frac{1}{2}\frac{u_{i+1,j}^{k-1}-2u_{i,j}^{k-1}+u_{i-1,j}^{k-1}}{(\Delta x)^2}+\frac{1}{2}\frac{u_{i+1,j}^{k+1}-2u_{i,j}^{k+1}+u_{i-1,j}^{k+1}}{(\Delta x)^2}$$

$$\frac{\partial^2 u(x,\,z,\,t)}{\partial z^2}\bigg|_{\substack{x=x_i\\z=z_j\\t=t_k}}\approx\frac{1}{2}\bigg[\frac{\partial^2 u(x,\,z,\,t)}{\partial z^2}\bigg|_{\substack{x=x_i\\z=z_j\\t=t_{k-1}}}+\frac{\partial^2 u(x,\,z,\,t)}{\partial z^2}\bigg|_{\substack{x=x_i\\z=z_j\\t=t_{k+1}}}\bigg]$$

$$=\frac{1}{2}\frac{u_{i,j+1}^{k-1}-2u_{i,j}^{k-1}+u_{i,j-1}^{k-1}}{(\Delta z)^2}+\frac{1}{2}\frac{u_{i,j+1}^{k+1}-2u_{i,j}^{k+1}+u_{i,j-1}^{k+1}}{(\Delta z)^2}$$

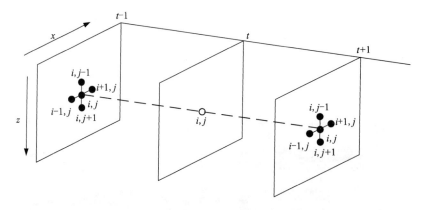

图 8.10　二维声波波动方程的隐式差分模板

于是，二维声波波动方程可化为差分方程形式

$$\frac{u_{i,j}^{k+1}-2u_{i,j}^k+u_{i,j}^{k-1}}{(\Delta t)^2}=\frac{v_{i,j}^2}{2}\bigg[\frac{u_{i+1,j}^{k-1}-2u_{i,j}^{k-1}+u_{i-1,j}^{k-1}}{(\Delta x)^2}+\frac{u_{i+1,j}^{k+1}-2u_{i,j}^{k+1}+u_{i-1,j}^{k+1}}{(\Delta x)^2}+$$

$$\frac{u_{i,j+1}^{k-1}-2u_{i,j}^{k-1}+u_{i,j-1}^{k-1}}{(\Delta z)^2}+\frac{u_{i,j+1}^{k+1}-2u_{i,j}^{k+1}+u_{i,j-1}^{k+1}}{(\Delta z)^2}\bigg]+S(xs,\,zs,\,t_k)$$

$$(8.25)$$

若取 $\alpha_{i,j}=\dfrac{v_{i,j}^2(\Delta t)^2}{(\Delta x)^2}$ 和 $\beta_{i,j}=\dfrac{v_{i,j}^2(\Delta t)^2}{(\Delta z)^2}$，上式整理后可得

$$-\frac{\alpha_{i,j}}{2}u_{i+1,j}^{k+1}-\frac{\alpha_{i,j}}{2}u_{i-1,j}^{k+1}-\frac{\beta_{i,j}}{2}u_{i,j+1}^{k+1}-\frac{\beta_{i,j}}{2}u_{i,j-1}^{k+1}+(1+\alpha_{i,j}+\beta_{i,j})u_{i,j}^{k+1}=2u_{i,j}^{k}+$$

$$\left[\frac{\alpha_{i,j}}{2}u_{i+1,j}^{k-1}+\frac{\alpha_{i,j}}{2}u_{i-1,j}^{k-1}+\frac{\beta_{i,j}}{2}u_{i,j+1}^{k-1}+\frac{\beta_{i,j}}{2}u_{i,j-1}^{k-1}-(1+\alpha_{i,j}+\beta_{i,j})u_{i,j}^{k-1}\right]$$

$$(8.26)$$

这种差分格式的解是稳定的，它是一个 3 层 11 点的隐式差分格式。

由于吸收边界条件包含了导数，我们采用差分法近似处理，这样便得出式(8.21)～式(8.24)的边界条件处理表达式：

$$\begin{cases}\dfrac{u_s^{k+1}-u_s^k}{\Delta t}-v\dfrac{u_{s+1}^{k+1}-u_s^{k+1}}{\Delta x}=0\ (\text{左边界})\\[2mm]\dfrac{u_s^{k+1}-u_s^k}{\Delta t}+v\dfrac{u_s^{k+1}-u_{s-1}^{k+1}}{\Delta x}=0\ (\text{右边界})\\[2mm]\dfrac{u_s^{k+1}-u_s^k}{\Delta t}-v\dfrac{u_{s+1}^{k+1}-u_s^{k+1}}{\Delta z}=0\ (\text{上边界})\\[2mm]\dfrac{u_s^{k+1}-u_s^k}{\Delta t}+v\dfrac{u_s^{k+1}-u_{s-1}^{k+1}}{\Delta z}=0\ (\text{下边界})\end{cases}\quad(8.27)$$

容易看出，这样的边界条件处理具有一阶精度。

下面，我们利用隐式差分格式计算二维均匀模型的地震波场。模型的速度为 2500 m/s，密度为常数，网格剖分数为 200×200，网格间距 $\Delta x=\Delta y=10$ m，采样时间间隔 $\Delta t=1$ ms。同时，震源坐标设置为(1000 m，1000 m)，子波频率为 10 Hz。

二维隐式差分计算的 Matlab 代码如下：

```
% 二维声波方程的隐式差分解法(Clayton - Enquist 吸收边界处理)
clear all;
% 网格剖分信息
Nx = 201;
dx = 10;
x = 0 : dx : (Nx - 1) * dx;
Ny = 201;
dy = 10;
y = 0 : dy : (Ny - 1) * dy;
% 震源信息
T = 1.0;
dt = 0.001;
N = round(T/dt);
f = 10;
```

```
t0 = 0. 1;
xs = round( Nx/2) ;
ys = round( Ny/2) ;
% 介质信息
v = zeros( Ny,Nx) + 2500;
alpha_x = ( v. ^2) * ( dt^2)/( dx^2) ;
alpha_y = ( v. ^2) * ( dt^2)/( dy^2) ;
% 隐式差分更新
p2 = zeros( Ny,Nx) ;
p1 = zeros( Ny,Nx) ;
p0 = zeros( Ny,Nx) ;
for k = 1 : N
    disp( sprintf(' Time step : % i',k) ) ;
    t = k * dt;
    p1( ys,xs) = ricker( f,t,t0) ;
    L = sparse( Nx * Ny,Nx * Ny) ;
    R = zeros( Nx * Ny,1) ;
    for i = 1 :1 : Ny
        for j = 1 :1 : Nx
            s = ( j - 1) * Ny + i;
            if( j == 1)
                L( s,s) = 1/dt + v( i,j)/dx;
                L( s,s + Ny) = - v( i,j)/dx;
            elseif( j == Nx)
                L( s,s) = 1/dt + v( i,j)/dx;
                L( s,s - Ny) = - v( i,j)/dx;
            elseif( i == 1)
                L( s,s) = 1/dt + v( i,j)/dy;
                L( s,s + 1) = - v( i,j)/dy;
            elseif( i == Ny)
                L( s,:) = 0;
                L( s,s) = 1/dt + v( i,j)/dy;
                L( s,s - 1) = - v( i,j)/dy;
            else
                L( s,s - Ny) = - alpha_x( i,j)/2;
                L( s,s + Ny) = - alpha_x( i,j)/2;
```

```
            L(s,s-1) = - alpha_y(i,j)/2;
            L(s,s+1) = - alpha_y(i,j)/2;
            L(s,s) = 1 + alpha_x(i,j) + alpha_y(i,j);
        end
    end
end
R = 2 * reshape(p1,Ny * Nx,1) - L * reshape(p0,Ny * Nx,1);
for i = 1:1:Ny
    for j = 1:1:Nx
        s = (j-1) * Ny + i;
        pp1 = reshape(p1,Ny * Nx,1);
        if(i == 1||i == Ny||j == 1||j == Nx)
            R(s,1) = pp1(s)/dt;
        end
    end
end
p_new = L\R;
p2 = reshape(p_new,Ny,Nx);
p0 = p1;
p1 = p2;
u(:,:,k) = p2;
if rem(k,10) == 0
    imagesc(x,y,p1);
    caxis([-0.07 0.07]);
    colorbar;
    xlabel('Distance(m)');
    ylabel('Depth(m)');
    title(['t = ',num2str(1000 * k * dt),'ms']);
    drawnow;
    pause(0.01);
end
end
```

利用上述二维隐式差分程序计算并图示 $t = 100$ ms、200 ms、300 ms、400 ms、500 ms、600 ms、700 ms 和 800 ms 时的二维波场响应, 如图 8.11 所示。

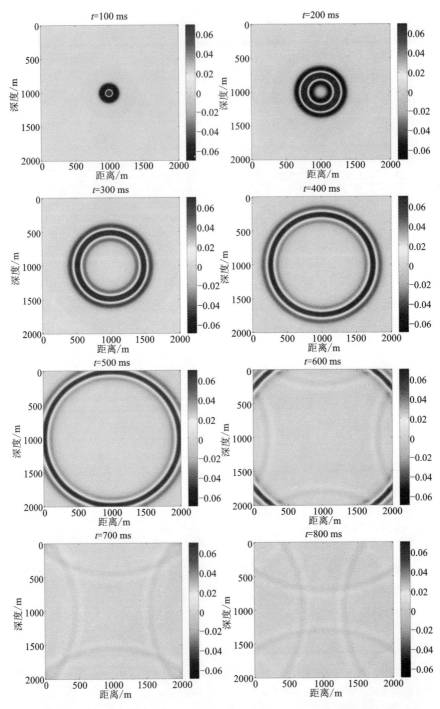

图 8.11 二维声波方程隐式差分计算结果(Clayton – Enquist 吸收边界处理)

附录 矩阵的 Kronecker 积

1. Kronecker 积的定义

设 A 是一个 $m \times n$ 阶的矩阵，$A = (a_{ij})_{m \times n}$，而 B 是一个 $p \times q$ 的矩阵，$B = (b_{ij})_{p \times q}$，Kronecker 积 $A \otimes B$ 可以表示成：

$$A \otimes B = \begin{bmatrix} a_{11}B & a_{12}B & \cdots & a_{1n}B \\ a_{21}B & a_{22}B & \cdots & a_{2n}B \\ \vdots & \vdots & & \vdots \\ a_{m1}B & a_{m2}B & \cdots & a_{mn}B \end{bmatrix}$$

它是一个 $mp \times nq$ 阶的分块矩阵，更具体的可表示为

$$A \otimes B = \begin{bmatrix} a_{11}b_{11} & a_{11}a_{12} & \cdots & a_{11}b_{1q} & \cdots & \cdots & a_{1n}b_{11} & a_{1n}b_{12} & \cdots & a_{1n}b_{1q} \\ a_{11}b_{21} & a_{11}a_{22} & \cdots & a_{11}b_{2q} & \cdots & \cdots & a_{1n}b_{21} & a_{1n}b_{22} & \cdots & a_{1n}b_{2q} \\ \vdots & \vdots & & \vdots & & & \vdots & \vdots & & \vdots \\ a_{11}b_{p1} & a_{11}a_{p2} & \cdots & a_{11}b_{pq} & \cdots & \cdots & a_{1n}b_{p1} & a_{1n}b_{p2} & \cdots & a_{1n}b_{pq} \\ \vdots & \vdots & & \vdots & & & \vdots & \vdots & & \vdots \\ \vdots & \vdots & & \vdots & & & \vdots & \vdots & & \vdots \\ a_{m1}b_{11} & a_{m1}a_{12} & \cdots & a_{m1}b_{1q} & \cdots & \cdots & a_{mn}b_{11} & a_{mn}b_{12} & \cdots & a_{,n}b_{1q} \\ a_{m1}b_{21} & a_{m1}a_{22} & \cdots & a_{m1}b_{2q} & \cdots & \cdots & a_{mn}b_{21} & a_{mn}b_{22} & \cdots & a_{mn}b_{2q} \\ \vdots & \vdots & & \vdots & & & \vdots & \vdots & & \vdots \\ a_{m1}b_{p1} & a_{m1}a_{p2} & \cdots & a_{m1}b_{pq} & \cdots & \cdots & a_{mn}b_{p1} & a_{mn}b_{p2} & \cdots & a_{mn}b_{pq} \end{bmatrix}$$

2. Kronecker 积的性质

①双线性结合律

Kronecker 积是张量积的特殊形式，因此满足双线性与结合律：

$$A \otimes (B + C) = A \otimes B + A \otimes C$$
$$(A + B) \otimes C = A \otimes C + B \otimes C$$
$$(kA) \otimes B = A \otimes (kB) = k(A \otimes B)$$
$$(A \otimes B) \otimes C = A \otimes (B \otimes C)$$

其中，A、B 和 C 是矩阵，而 k 是常量。

Kronecker 积不符合交换律：通常情况下，$A \otimes B$ 不同于 $B \otimes A$。

②混合乘积性质

如果 A、B、C 和 D 是四个矩阵，且矩阵乘积 AC 与 BD 存在，那么就有

$$(A \otimes B)(C \otimes D) = AC \otimes BD$$

这个性质称为"混合乘积性质"，因为它混合了通常的矩阵乘积和 Kronecker 积。于是可以推出，$A \otimes B$ 可逆的条件是当且仅当 A 和 B 存在可逆，其逆矩阵为：

$$(A \otimes B)^{-1} = A^{-1} \otimes B^{-1}$$

参考文献

[1] 王元明. 数学物理方程与特殊函数[M]. 北京：高等教育出版社，2012.

[2] 何继善. 海洋电磁法原理[M]. 北京：高等教育出版社，2012.

[3] 吴崇试. 数学物理方法[M]. 北京：高等教育出版社，2015.

[4] 童孝忠. 数学物理方程与特殊函数(地球物理类)[M]. 长沙：中南大学出版社，2017.

[5] 曾华霖. 重力场与重力勘探[M]. 北京：地质出版社，2005.

[6] 刘安平，李星，刘婷，等. 数学物理方程[M]. 武汉：武汉大学出版社，2009.

[7] Asmar N H. Partial differential equation with fourier series and boundary value problems[M]. Upper Saddle River：Prentice Hall Press，2004.

[8] Gerya T. Introduction to numerical geodynamic modelling[M]. New York：Cambridge University Press，2009.

[9] 陈涌频，孟敏，方宙奇. 电磁场数值方法[M]. 北京：科学出版社，2016.

[10] 柳建新，童孝忠，郭荣文，等. 大地电磁测深法勘探[M]. 北京：科学出版社，2012.

[11] 童孝忠，吴思洋，程东俊. 利用非均匀网格有限差分法模拟一维大地电磁响应[J]. 工程地球物理学报，2018，15(2)：124-130.

[12] 童孝忠，吴思洋，谢维. 利用非均匀网格有限差分法模拟二维大地电磁响应[J]. 工程地球物理学报，2018，15(3)：338-346.

[13] Heiner Igel. Computational seismology：A practical introduction[M]. London：Oxford University Press，2016.

[14] Clayton R，Engquist B. Absorbing boundary conditions for acoustic and elastic wave equations [J]. Bulletin of the Seismological Society of America，1977，67(6)：1529-1540.

[15] Yingjie Gao，Hanjie Song，Jinhai Zhang，Zhenxing Yao. Comparison of artificial absorbing boundaries for acoustic wave equation modelling[J]. Exploration Geophysics，2017，48(1)：76-93.

图书在版编目（CIP）数据

偏微分方程的有限差分法及地球物理应用／童孝忠
等著. —长沙：中南大学出版社，2019.6
ISBN 978 - 7 - 5487 - 3646 - 2

Ⅰ.①偏… Ⅱ.①童… Ⅲ.①偏微分方程－有限差分
法－应用－地球物理学 Ⅳ.①P3

中国版本图书馆 CIP 数据核字(2019)第 114123 号

偏微分方程的有限差分法及地球物理应用
PIANWEIFEN FANGCHENG DE YOUXIAN CHAFENFA JI DIQIU WULI YINGYONG

童孝忠 谢 维 温建亮 张淑婷 著

□**责任编辑**	刘小沛	
□**责任印制**	易红卫	
□**出版发行**	中南大学出版社	
	社址：长沙市麓山南路	邮编：410083
	发行科电话：0731 - 88876770	传真：0731 - 88710482
□**印 装**	长沙印通印刷有限公司	

□**开 本**	710 × 1000 1/16 □**印张** 14.75 □**字数** 292 千字	
□**版 次**	2019 年 6 月第 1 版 □2019 年 6 月第 1 次印刷	
□**书 号**	ISBN 978 - 7 - 5487 - 3646 - 2	
□**定 价**	85.00 元	